KB048788

종이에서
로봇까지
발명과 혁신으로 읽는
하루 10분
세계사

종이 paper
얇고 가볍고 적당히
질긴 매체인 종이.
디지털 환경에서도
종이의 가능성은 계속해서
재발견되고 있다.

화약 gunpowder
전쟁의 판도를 바꾼 흑색 가루.
특히 공성용 무기의 상징인 화포는
봉건제의 몰락을 촉진하는 데
크게 기여했다.

사진기 camera
버튼만 누르면 끝나는
1달러짜리 브라우니 카메라.
1900년 이 제품의 출시로
수백만 명의 사람들이
사진사가 되었다.

축음기 gramophone
축음기의 용도는
받아쓰는 기계에서
음악 재생장치로 변화했다.
원반형 축음기는
음악의 대중화를 선도했다.

종이에서
로봇까지

발명과 혁신으로 읽는

하루 10분
세계사

송성수 지음

자전거 bicycle
19세기 말에
전성기를 구가한 자전거는
지구상에 존재하는
이동 수단 가운데
에너지 효율이 가장 뛰어난
것으로 평가된다.

로봇 robot
로봇의 어원은
노동을 뜻하는
체코어 '로보타'이다.
오랫동안 상상의
영역에 머물러 있던
로봇은 인간을 닮은
인형에서 인공지능
로봇까지 발전했다.

등자 stirrup
말을 탈 때 두 발로
디디는 기구.
이 작은 물건이
유럽 사회의 큰 변화를
이끌었다.

범선 sailing ship
바람을 타고
배를 움직이게 하는
돛은 인류 문명의
범위를 극적으로 넓힌
기적의 발명이다.

들어가며

4차 산업혁명으로 인간의 삶이 전혀 다른 조건에서 다시 시작될 것처럼 떠들썩하다. 이 '혁명'에 실체가 있는지, 정말 오는지 문제와는 별개로 기술의 변화가 인간의 삶과 긴밀한 관계를 유지해온 것은 사실이고 앞으로도 그럴 것이다. 이는 최근의 화두인 빅데이터나 인공지능만의 이야기가 아니다. 문명사를 들여다보면 최초의 매체인 종이, 전쟁의 성격을 바꾼 화약, 인간이 아닌 자연의 힘을 이용해 바다를 건너게 해준 돛 등 작은 변화처럼 보이는 인공물의 발명과 혁신이 인류 문명의 향방에 큰 변수가 되기도 했다는 점을 알 수 있다. 이러한 발명과 혁신들은 시간이 흐르면서 서로가 서로에게 영향을 끼치는 매개물이 되어 더욱 복잡하고 정교한 기술로 거듭 이어진다.

이 책은 인간의 삶과 세상의 모습을 바꾼 발명과 혁신의 흐름을 좇는다. 종이에서 로봇까지, 문명의 태동 이래 현재에 이르기까지 스물일곱 개의 발명과 혁신이 어떤 기술적 원리로 작동되며, 어떻게 역사적 전환의 변수로 작용했는지 살펴볼 것이다. 각각의 주제들은 부담 없이 10분 정도면 핵심을 짚고 다 넘겨볼 수 있도록 구성했다.

이 책은 지난 2~3년 동안 네이버를 통해 연재한 「세상을 바꾼 발명과 혁신」 중에서 주요 주제들을 새롭게 엮어낸 것이다. 네이버 지식백과에 실린 60편의 항목 가운데 흥미롭고 기술의 역사에서 중요하다고 판단되는 주제들을 출판사와 함께 선별해 책으로 묶었다. 네이버 연재와는 달리, 이 책에서는 기술 변화의 성격이나 기술사적의의, 역사적 배경 등에 대해 좀 더 깊이 들어갈 필요가 있는 경우에 주석을 달아 보충 설명했다.

「세상을 바꾼 발명과 혁신」의 연재는 우리나라에서 몇 안 되는 기술사技術史 전공자라는 일종의 사명감(?)에서 비롯되었다. 기술의 역사에 대한 강의를 하고 글을 쓴 경험이 제법 있기 때문에 연재는 어렵지 않을 것으로 생각했다. 하지만 그것은 얼마 지나지 않아 오판으로 드러났다. 정기적으로 원고를 준비하는 작업이 얼마나 힘든지, 그리고 독자들이 수긍할 만한 글을 만드는 것이 얼마나 어려운 일인지 다시 한 번 깨달을 수 있었다.

그런 반면 연재를 하며 상당한 보람도 느꼈다. 기술사에 관한 새로운 정보도 많이 알게 되었고, 그러한 정보를 연결하여 지식을 만드는 재미도 맛보았다. 별것 아닌 것 같지만, 검색하고search 또re 검색하면 연구research가 시작된다는 생각이 들었다. 이와 함께 좋은 지식을 갈구하는 사람이라면 자신이 이미 잘 알고 있다는 고정관념에서 벗어나야 한다는 점도 실감할 수 있었다. 우리가 알고 있는 것보다 모르고 있는 것이 훨씬 많은 셈이다.

기술의 역사를 공부하다보면 기술이 변화하는 과정이나 패턴을 적절히 설명할 수 있는 이론이 무엇일까 하는 의문이 종종 든다. 모든 기술의 변화에 적용되는 이론은 존재하지 않겠지만, 저명한 기술사학자인 멜빈 크란츠버그Melvin Kranzberg가 제안한 기술에 관한 법칙은 새겨들을 만하다. 첫째, 기술은 선하지도 악하지도 않으며 중립적이지도 않다. 둘째, 발명은 필요의 어머니이다. 셋째, 기술은 크든 작든 다발package로 온다. 넷째, 비록 기술이 많은 공공 이슈에서 주요한 요소인지는 모르지만, 기술 정책에 대한 의사 결정에서는 비非기술적인 요소가 우선시된다. 다섯째, 모든 역사가 (오늘날의 사회와) 상관성이 있지만 기술의 역사는 가장 상관성이 크다. 여섯째, 기술은 매우 인간적인 활동이며 기술의 역사도 마찬가지이다.

이 책을 준비하면서 많은 분들의 도움을 받았다. 「세상을 바꾼 발명과 혁신」의 연재를 중매해주신 이윤현 선생님, 원고를 검토하고 연재 코너를 관리해주신 이숙경 선생님과 박판주 선생님께 감사드린다. 이번에도 흔쾌히 출간의 기회를 주신 생각의힘 김병준 대표님과 좋은 책을 만들기 위해 많은 공을 들여주신 유승재 선생님께도 감사의 마음을 전한다. 늘 가까이 있으면서 집필을 격려해주는 '마님' 이윤주와 어느새 어엿한 청년으로 성장해 말벗과 술벗이 되어 주는 아들 송영은도 빼놓을 수 없다. 마지막으로 '위키피디아Wikipedia'를 통해 훌륭한 글과 그림을 공개해주신 익명의 지성들, 그리고 등자, 유리, 범선, 소총, 비행기 등에 대해 좋은 의견을 주신 독자들께도 감사의 인사를 전한다.

모쪼록 이 책이 널리 읽혀서 기술을 가지고도 교양을 논의할 수 있는 문화가 조성되기를 바란다. 이 책에도 실수나 오류가 나올 수 있을 것이며, 이에 대한 독자들의 지적과 비평을 환영한다.

근하신년, 2018년을 열면서
송성수

종이

paper

**얇고 가볍고 적당히 질긴,
아날로그한 매력**

종이 문서 없는 사무실이 늘고 있다. 웹으로
연결된 세상에서는 종이 없이 문서를 만들고
공유하고 읽을 수 있다. 그런 한편 종이에서만
느낄 수 있는, 종이만이 갖고 있는 아날로그한
매력이 재발견되고 있기도 하다. 2000년이 넘도록
인류 문명과 함께한 종이를 처음 만든 사람은 과연
누구일까? 종이가 처음 발명된 것은 고대 중국에서
였다. 그 후 채륜이 종이를 혁신적으로 개량하고
확산시켰다. 오랫동안 파피루스와 양피지를
기록 매체로 사용했던 유럽은 8세기에 이르러서야
중국의 제지술을 전수받을 수 있었다. 그러나
제지소가 처음 세워진 이후 유럽은 끊임없이 종이
생산의 기계화를 추구했고, 19세기에 되자 서양식
제지소가 거꾸로 동양으로 전파되었다.

★

종이만큼 우리에게 익숙한 것이 또 있을까? 무엇보다 종이는 책의 재료로 쓰이며 인류의 문화를 전승하는 주된 수단이 되어왔다. 종이는 그림을 그리거나 지폐를 만드는 데에도 쓰이고 포장을 할 때나 음식을 담는 용기로도 사용된다. 매일 사용하는 화장지 역시 종이의 일종이다. 이처럼 우리는 수많은 종류의 종이에 파묻혀 살고 있다고 해도 틀린 말이 아니다. 그렇다면 종이가 인류의 사랑을 받아온 것은 무엇 때문일까? 아마도 종이만의 매력 때문일 것이다. 종이는 얇으면서 가볍고 적당히 질기면서 오래 가는 특성을 지니고 있다.

최근에는 정보기술이 발전하면서 종이가 사라질 것이라는 예측도 제기되지만, 실제로는 종이에 대한 수요가 오히려 증가하고 있다는 분석이 지배적이다. 인터넷에서 찾아낸 정보를 종이로 인쇄하는 양이 적지 않은데다 종이의 쓰임새가 끊임없이 새롭게 발견되기 때문이다. 그러한 변화에 발맞춰 종이의 종류도 계속해서 늘고 있다. 인쇄용지로서의 종이만 한정해보더라도 종이의 질감과 촉감, 잉크가 묻었을 때 종이와의 조화 등을 고려해 다양한 종이가 생산되고 있다. 한편으로 전자책의 수요가 점차 늘고 있으면서도, 다른 한편에서는 종이를 꿰어 만든 책들도 꾸준히 다변화하고 있다. 이런 현상 때문에 "굿바이 구텐베르크, 채륜 포에버!Goodbye Gutenberg, Cai Lun forever!"라는 재미있는 표현도 등장했다. 인쇄된 책이 설사 없어진다 하더라도 종이는 영원하다는 뜻이다.

이집트의 파피루스와 유럽의 양피지

paper라는 영어 단어는 papyrus(파피루스)를 어원으로 삼고 있다. 파피루스는 고대 이집트의 나일 강변에서 자생하던 수초를 뜻한다. 기원전 3000년경 이집트 사람들은 파피루스의 껍질을 벗겨내고 속을 가늘게 찢은 다음, 엮어서 말리고 다시 매끄럽게 하는 과정을 거쳐 원시적인 기록 매체를 만들었다. 이렇게 만든 파피루스는 중국에서 처음 등장한 종이와는 달랐다. 파피루스는 기본적으로 식물의 껍질을 말린 것이지만, 중국 종이는 식물섬유를 물에 풀어 체로 걸러낸 것이기 때문이다.

현존하는 파피루스 문서는 대부분 종교 문서인데, 대표적인 예로는 죽은 사람의 관 속에 미라와 함께 넣어두었던 『사자의 서Book of the Dead』를 꼽을 수 있다. 그 밖에도 공문, 회계, 의학, 설계 등 매우 다양한 분야에서 사용되었다. 파피루스는 고대 이집트 이래 9세기경까지 기록용으로 사용되었지만 유럽에서는 주력 매체가 되지 못했다. 이집트의 프톨레마이오스 왕조(기원전 305~31년)가 파피루스의 유출을 금지했기 때문이다. 당시 이집트의 왕은 알렉산드리아의 도서관보다 로마 제국의 페르가뭄 도서관이 더욱 발전할 것을 우려했다.

한편, 유럽 사람들이 오랫동안 주된 기록 매체로 사용한 것은 양피지였다. 양피지를 뜻하는 영어 parchment와 독일어 Pergament는 모두 페르가뭄Pergamus(현재 터키의 베르가마)을 어원으로 삼고 있다. 1세기 로마의 정치가이자 학자인 대大플리니우스Gaius Plinius Secundus는 『자연사Naturalis Historia』에서 양피지가 기원전 150년경에 페르가뭄에서 발명되었다고 썼다. 하지만 양피지는 그 이전부터 사용되었기 때문에 페르가뭄에서는 이전보다 개량된 양피지가 제작되었을 가능성이 높다.[1]

양피지는 양이나 송아지의 가죽을 벗겨 씻어낸 후 털을 깨끗이 밀어서 만든 것이다. 양피지 위에 글을 쓰는 것은 파피루스의 경우보다 더욱 간편한 작업이었다. 또한 파피루스 문서가 두루마리 형태였던 반면, 양피지 문서는 실로 묶어 오늘날과 같은 책 형태를 만들 수 있었다. 그러나 양피지는 한 장을 만드는 데 새끼 양 한 마리 정도는 필요했기에 값이 비싸다는 단점이 있었다. 그래서 양피지는 화려한 채색 필사본들을 만드는 데 주로 사용되었다. 15세기 초에 제작된 『베리 공작의 매우 호화로운 기도서Les Très Riches Heures du duc de Berry』가 대표적인 예에 해당한다.

파피루스로 만들어진 『사자의 서』의 일부분

대나무가 주원료인 중국 종이

우리가 익히 알고 있듯이 종이는 고대 중국에서 처음 발명되었다. 종이에 대한 본격적인 기록은 『후한서』의 「채륜전」에 나타나 있다.

예로부터 서책은 대부분 죽간(대나무 조각)으로 엮었고, 겸백(비단)을 사용한 것을 종이라고 하였다. 겸백은 비싸고 죽간은 무겁기 때문에 둘 다 편리하지 않았다. 그리하여 채륜蔡倫은 종이를 만들 마음이 나서, 수부(나무껍질), 마두(삼베 뭉치), 폐포(헝겊 조각), 어망 등을 이용하여 종이를 만들었다. 채륜은 원흥 원년(105년)에 황제에게 종이를 바쳤다. 황제는 채륜의 재능을 칭찬하였고, 그때부터 모두 종이를 사용하였다. 그래서 세상 사람들은 종이를 '채후지蔡侯紙'라 불렀다.

이러한 기록은 "후한의 채륜이 105년에 종이를 최초로 발명했다"는 주장의 근거가 되었다. 이 주장은 오랫동안 정설로 인정받았지만 1930년대 이후에 다양한 고고학적 증거가 발굴되면서 많은 비판에 직면했다. 마지(마를 주성분으로 하는 종이)가 이미 기원전 50년경 혹은 기원전 2세기에 사용되었다는 사실이 밝혀진 것이다. 그렇다면 채륜은 종이를 처음 발명한 사람이 아니라 기존의 마에 여러 가지 식물섬유를 섞어 종이를 새롭게 개량한 인물에 해당한다. 다른 각도에서 보면 채륜의 기여는 종이의 중요성을 간파하고 중국 각지에 흩어져 있던 종이와 그 제작법에 관한 정보를 체계화하고 확산시켰다는 점에서 찾을 수 있다.[2]

채륜이 종이를 개량한 105년 이후, 중국의 제지술은 지속적으로 발전했다. 마에 이어 닥나무와 뽕나무 등이 종이의 재료로 사용되었고, 수액을 첨가하면 벌레가 해치지 못한다는 사실도 발견되었다. 7세기에는 나무판에 글자나 그림을 새긴 뒤 먹을 칠해서 종이 위에 찍어내는 방법, 즉 목판인쇄술도 등장했다. 제지술과 인쇄술의 발전으로 중

종이의 개량과 확산에 크게 기여한 채륜

국에서는 수많은 서적이 보급될 수 있었는데, 중국은 15세기까지 세계 어떤 나라보다도 많은 수의 인쇄된 서적을 보유했던 것으로 알려져 있다.

명나라 말기에 송응성宋應星은 『천공개물』에서 종이를 죽지竹紙와 피지皮紙로 구분한 후 죽지를 만드는 방법에 대해 다음과 같이 기록했다. 먼저 여름에 대나무를 짧게 잘라 물에 담가두고 100일쯤 지난 뒤에 망치로 쳐서 거친 껍질을 씻어 벗겨낸다. 그러면 저마苧麻의 섬유와 같은 죽마竹麻가 만들어진다. 여기에 잿물을 섞어 8일 밤낮을 펄펄 끓여 맑은 물로 잘 헹군 다음 다시 잿물과 함께 끓여서 10일 정도 지나면 섬유가 붙게 된다. 이것을 절구에 찧으면 끈적끈적한 곡분과 같이 되는데, 물로 가득 채운 초지조(종이의 원료를 물에 풀고 그 물로 젖은 종이를 뜨는 기구)에 넣고 지약紙藥을 섞는다. 그리고 젖은 종이를 뜸틀에서 걸러내고 틀을 벗긴 뒤 건조시키면 죽지가 완성된다.

① 대나무를 잘라서 물에 담가 두고 죽마를 만든다.

② 충분한 시간을 들여 끓인다.

③ 죽마를 틀로 거른다.

④ 틀을 벗긴 뒤 종이를 포개어 쌓는다.

⑤ 종이를 건조시킨다.

죽지의 제작공정에 관한 목판화

세계로 전파된 중국의 제지술

중국에서 발명된 제지술은 한반도에도 빠르게 전파되었다. 우리나라에 제지술이 도입된 시기로는 3세기, 4세기, 6세기 등이 거론되고 있는데, 가장 늦게 잡아도 610년이다. 그해 고구려 승려인 담징 曇徵이 일본에 종이를 전해주었다는 기록이 『일본서기』에 명시되어 있다. 우리나라에 현존하는 가장 오래된 종이는 국립경주박물관에 보존되어 있는 『범한다라니梵漢陀羅尼』로 알려져 있다.

특히 신라 시대에는 닥나무로 만든 저지楮紙가 크게 발달했는데, 희고 질긴 종이라는 의미의 '백추지白硾紙'로 불리면서 중국과 일본에서도 소중히 여겨졌다. 신라의 백추지는 고려의 만지蠻紙, 조선의 견지繭紙와 경면지鏡面紙 등으로 이어지면서 '한국 종이', 즉 한지韓紙의 전통을 형성해왔다. 고려 시대에는 종이를 만들어 국가에 바치는 특수 행정단위인 지소紙所가 설치되었으며, 조선 시대에는 1415년(태종 15년)부터 관영 제지공장에 해당하는 조지소造紙所가 운영되었다.

서양에서는 늦어도 5세기 초에 종이가 만들어지기 시작했으며, 중국의 제지술이 서양으로 전파된 시기는 8세기로 알려져 있다. 그 계기는 이슬람 아바스 왕조의 내부 싸움에 당나라가 개입한 데서 찾을 수 있다. 751년부터 시작된 탈라스 전쟁에는 고선지高仙芝 장군이 이끈 당나라 부대가 참여했는데, 그 전쟁에서 포로가 된 당나라 병사 가운데 제지 기술자들이 포함되어 있었다. 이들 기술자들에 의해 사마르칸트에 제지소가 생겨났고 '사마르칸트지'란 이름의 종이가 만들어졌다. 이후 시리아의 다마스쿠스에도 제지소가 세워졌는데, '다마스쿠스지'는 수 세기에 걸쳐 유럽에 수출된 유명한 종이가 되었다.

아립인들에게 제지술을 전수받은 유럽에서는 12세기 중엽부터 제지업이 성행하기 시작했다. 유럽 최초의 제지소로는 1150년에 스페인에 세워진 하티바 제지소가 거론된다. 스페인에 이어 이탈리아, 프

1493년에 그려진 뉘른베르크의 모습으로 오른쪽 하단부에 제지 공장이 보인다. 소음과 냄새 때문에 제지 공장이 도시 외곽에 세워졌다는 점도 흥미롭다.

랑스, 독일, 네덜란드 등지에서도 제지소가 줄줄이 문을 열었다. 한때 유럽 최초의 제지소로 알려졌던 독일의 뉘른베르크 제지공장은 1391년부터 운영에 들어갔다.[3] 영국은 유럽 대륙보다 늦은 14세기에 이르러서야 종이를 문서로 쓰기 시작했는데, 존 테이트John Tate가 하트퍼드셔에 첫 제지소를 세운 것이 1495년경이다. 한편 요하네스 구텐베르크Johannes Gutenberg가 1440년경에 개발한 활판인쇄술이 널리 확산되면서 유럽 사회의 기록매체는 양피지에서 종이로 급속히 전환되기 시작했다.

서양에서 시작된 종이의 대량생산

|

종이 생산의 기계화는 17세기 후반 네덜란드에서 고해기叩解機, beater가 발명됨으로써 시작되었다. 이 기계는 마 조각이나 면 넝마와 같은 원료를 두들겨 풀어 종이를 만들어낸다. 당시의 고해기는 홀랜더hollander라고 불렸는데, 발명자를 정확히 알 수 없어서 나라 이름을 따 붙인 명칭이었다. 이 고해기가 지속적으로 개량되면서 유럽 사회는 질긴 종이를 대량으로 생산하는 단계에 진입할 수 있었다.

종이를 연속적으로 생산하는 기계인 초지기抄紙機, paper machine는 1800년을 전후해 등장했다. 최초의 초지기는 1799년에 프랑스의 제지공인 루이 로베르Louis-Nicolas Robert가 발명한 것으로 전해진다. 로베르의 초지기는 1803년에 영국의 기계공인 브라이언 돈킨Bryan Donkin에 의해 더욱 개량되었고, 영국의 자본가인 푸어드리니어 형제Sealy and Henry Fourdrinier가 돈킨의 설계를 바탕으로 1804년 이후에 몇몇 실용적인 초지기를 잇달아 제작했다. 푸어드리니어 기계Fourdrinier machine는 긴 철망으로 이루어진 장망식長網式 초지기에 해당하며 오늘날 제지용 기계의 원형이라고 할 수 있다.

1809년에는 철망이 원통형으로 되어 있는 환망식丸網式 혹은 원망식圓網式 초지기도 출현했다. 영국의 발명가인 존 디킨슨John Dickinson이 처음 개발한 이 초지기는 두꺼운 판지도 뜰 수 있다는 장점이 있었다. 한 개의 원망을 갖춘 것은 얇은 종이를 뜨는 데에 사용하고, 여러 개의 원망을 갖춘 것은 뜬 종이를 합쳐 판지를 제조하는 데 사용하는 것이다.

말벌의 벌집에서 착안한 펄프

|

종이의 생산량이 크게 증가하면서 종이의 원료를 적시에 조달하는 일이 중요한 문제로 부상했다. 문제 해결의 실마리는 제지업과 아무런 관련이 없는 곳에서 나왔다. 1719년 프랑스의 과학자 르네 레오뮈르René-Antoine Réaumur는 말벌이 나무껍질을 갉아서 침과 버무려 종이와 비슷한 재질의 집을 만드는 광경을 목격했다. 이를 바탕으로 그는 나무의 섬유에 해당하는 펄프로도 종이를 만들 수 있겠다는 아이디어를 떠올렸다. 특정한 수확 시기에만 채취할 수 있는 기존의 원료와 달리 나무는 계절에 관계없이 안정적으로 공급할 수 있기에 당시로서는 획기적인 생각이었다.

레오뮈르의 아이디어는 독일의 기계공인 프리드리히 켈러Friedrich Gottlob Keller가 현실화했다. 그가 1844년에 발명한 쇄목기碎木機, wood pulp grinder는 증기기관을 활용하여 나무를 부순 후 펄프를 대량으로 생산하는 기계였다. 켈러의 쇄목 펄프법은 독일의 인쇄 전문가인 하인리

1970년대에 사용된 푸어드리니어 기계의 모습

원목에서 펄프를 제조하는 모습

히 펠터Heinrich Voelter가 개선해 1860년대에 유럽 전역으로 확산되었다.

서양 종이, 즉 양지洋紙를 대량으로 생산하는 방법은 종이의 원조인 동양에도 전파되었다. 중국에서는 1800년대 초에, 일본에서는 1872년에 서양식 제지소가 설립되었다. 우리나라의 경우에는 1884년에 일본에 수신사로 가 있던 김옥균이 미국 기업 라이스버튼Rice Burton의 환망식 초지기 한 대를 구입하면서 서양의 제지술이 도입되기 시작했다. 1901년에는 최초의 근대적 제지소가 설립되었고, 1913년에는 조선지료제조소가 설립되어 종이의 대량생산이 가능해졌다.

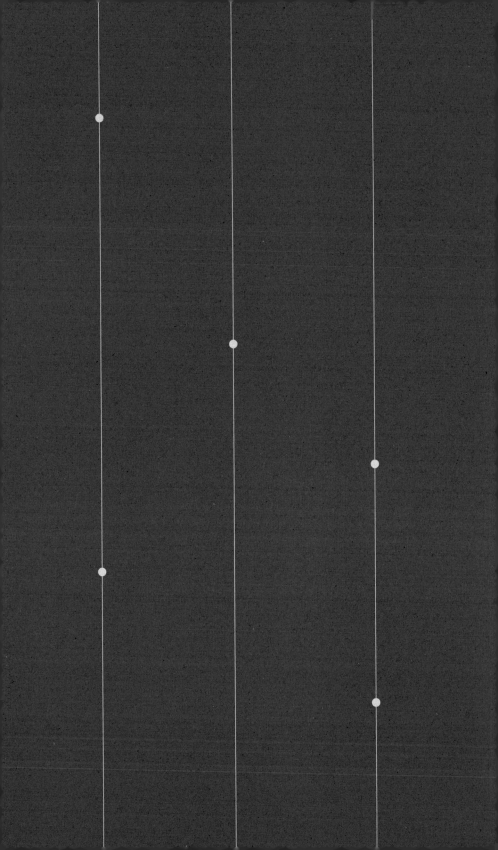

등자

stirrup

**중세 유럽의 사회변동을 촉진한
작은 물건**

말을 탈 때 두 발로 디디는 기구를 등자라고 한다.
알고 보면 이 등자가 봉건제의 형성에 크게 기여
했다. 사실상 말을 타고 싸우는 기병은 늦어도
기원전 6세기부터 전투에 활용 되었다. 그러나
오랫동안 기병은 보조적인 역할을 수행하는 데
그쳤고, 전투의 주력부대는 보병이었다. 그러다
8세기 프랑크왕국의 샤를 마르텔이 등자를 본격적
으로 사용했으며, 덕분에 말과 기병이 만일한 전투
단위를 형성할 수 있었다. 그 후로 중세 유럽에서는
기사의 전성시대가 도래했다.

★

중세는 흔히 '과학의 암흑기'라고 불리지만 기술의 경우에는 그렇지 않았다. 군사, 농업, 동력 등에서 상당한 기술의 발전이 있었다. 이 시기에는 각종 무기가 개발되어 기병 중심의 전투가 가능해졌고, 쟁기와 마구가 개량되면서 농업 생산성이 향상되었으며, 수차와 풍차와 같은 새로운 동력 기계가 등장했다.

이와 같은 중세의 기술혁신은 1962년에 발간된 린 화이트 2세Lynn White, Jr.의 『중세의 기술과 사회 변화』를 통해 널리 소개되었다. 이 책에서 화이트 2세는 말을 탈 때 두 발로 디디는 기구인 등자stirrup가 봉건제의 형성에 크게 기여했다고 주장하면서 상당한 주목을 받기도 했다. 등자 덕분에 기마충격전투mounted shock combat가 가능해지면서 기사 계급이 탄생하고 봉건제가 형성되었다는 것이다.[4]

보조 역할에 그쳤던 기병대
|

말을 타고 싸우는 기병이 전투에 활용되기 시작한 것은 기원전 6세기로 알려져 있다. 기원전 525년에 페르시아와의 전투에서 이집트가 기병대를 활용했다는 기록이 남아 있기 때문이다. 그러나 오랫동안 기병은 보조적인 역할만 맡았을 뿐이었고, 전투의 주력부대는 보병이었다. 예를 들어 고대 그리스 기병들의 임무는 정찰을 하거나

패잔병을 추격하는 정도에 머물렀고, 아케메네스 왕조의 기병들은 주로 먼 거리에서 창을 던지거나 화살을 쏘는 역할을 맡았다.

알렉산드로스 대왕이 거느렸던 기원전 4세기의 헤타이로이Hetairoi 기병대는 좀 특이한 경우였다. 그들은 3~4미터의 긴 창인 크시스톤xyston을 들고 과감한 돌격을 감행했다. 그러나 기병들은 적을 찌르고 나서 창을 바로 손에서 놓아야 했다. 그렇게 하지 않으면 적을 찌를 때의 충격과 반동으로 말에서 떨어지기 십상이기 때문이었다.

기원전 247년부터 기원후 226년까지 존속했던 파르티아왕국은 철제 갑옷으로 무장한 기병인 카타프락트Cataphract를 운영했다. 이들은 창을 한 손으로 잡았던 이전의 기병과 달리 양손으로 창을 잡고 과감하게 돌격했다. 기마술에 뛰어난 유목민 출신이었기 때문에 등자가 없어도 양 무릎으로 말의 배를 꽉 조이면서 말을 자유자재로 다룰 수 있었다.

10세기 영국에서 사용된 등자를 복원한 모습

알렉산드로스 대왕이 거느린 헤타이로이 기병대를 묘사한 것으로 아직 등자가 사용되지 않았음을 알 수 있다.

기마충격전투와 교회령의 몰수

등자가 언제 어디서 처음 만들어졌는지는 분명하지 않다. 등자에 관한 가장 오래된 기록은 인도의 여러 지역에서 발견되었는데, 이를 통해 기원전 2세기에는 기수의 발가락이 들어가는 일종의 고리가 사용되었다는 점이 밝혀졌다. 이보다 더욱 발전된 형태의 등자는 우리나라와 중국에서 등장했다. 우리나라에서는 3세기경부터 등자를 사용한 것으로 추정되며, 고구려 전기의 수도인 국내성 근교에서 4세기 초의 작품으로 평가되는 금동제 등자가 출토된 바 있다. 중국의 경우에는 4세기 초에 허난성(하남성)에서 사용된 등자와 6세기 초에 후난성(호남성)에서 사용된 등자가 유명하다. 그 후 등자는 아랍을 거쳐 유럽에도 전래되었고, 유럽의 경우에는 7~8세기에 등자가 처음 도입된 것으로 알려져 있다.

유럽에서 등자가 본격적으로 사용된 데에는 프랑크왕국의 재상인 샤를 마르텔Charles Martel의 역할이 컸다. 그는 '샤를 대제'로 잘 알려져 있는 샤를마뉴Charlemagne의 할아버지이다. 샤를 마르텔은 732년 푸아티에 전투에서 이슬람 세력을 물리치며 유럽의 영웅으로 떠올랐다. 당시에 샤를 마르텔은 기병을 대대적으로 양성하기 위해 교회령을 몰수하여 전사들에게 나누어주었다. 이를 계기로 중세 유럽의 상징인 기사 계급이 출현

기원후 150년경에 인도의 쿠샨 왕조에서 사용된 인장. 등자를 사용하고 있음을 알 수 있다.

했고 전쟁의 양상은 보병에서 기병 중심으로 재편되기 시작했다.

화이트 2세는 이러한 중세 사회의 변화를 설명하기 위해 등자에 주목했다. 이전에는 말에서 떨어질 위험 때문에 기병의 역할이 제한되었지만, 등자를 사용하면서 말과 기병이 밀착되어 단일한 전투 단위를 형성할 수 있게 되었다. 이처럼 전쟁이 기마충격전투의 형태로 변하면서 말을 사육하고 갑옷과 투구를 마련하고 기병을 양성하는 데 많은 비용이 소요되었다. 이에 샤를 마르텔은 교회의 재산을 몰수하여 전사들에게 나누어 주면서 그들로부터 군사적으로 도움을 받는 계약을 체결했다. 주군과 기사 간의 주종 서약을 기본으로 하는 봉건제가 등자라는 기술을 매개로 성립된 것이다.

등자만큼 단순한 발명도 드물지만, 등자만큼 역사에 강한 촉매 작용을 일으킨 발명도 드물다. 등자로 인해서 새로운 전투법이 가능해졌고, 그 결과 새롭고 매우 전문화된 방법으로 전투를 수행할 수 있도록 토지를 받은 전사 귀족이 지배하는 새로운 서유럽 사회가 등장했다.

화이트는 자신의 주장에 대한 주된 근거로 언어와 무기의 변화를 들었다. 이전에는 말을 타고 내리는 동작을 뜻하는 용어가 뛰어오르다insilire와 뛰어내리다desilire였지만, 8세기 초에는 말에 오르다scandere equos와 내리다descendere로 바뀌기 시작했다. 이러한 언어의 변화는 말을 타는 방식이 껑충 뛰어오르는 것에서 발을 등자에 얹어서 타고 내리는 방식으로 바뀌었다는 점을 보여준다.

화이트 2세에 따르면 프랑크왕국 군대의 무기도 보병용에서 기병용으로 완전히 바뀌었다. 프랑크왕국 고유의 보병 무기로는 전투용 도끼인 프랑키스카francisca와 미늘 달린 창인 앙고ango가 있었는데 8세기부터는 자취를 감추고 말았다. 반면에 이전부터 사용되어 온 스파타spatha는 점점 길어져 기사용 장검으로 거듭났다. 여기에서 특히 중요한 것은 창날 밑부분에 무거운 받침대와 돌기가 있는 십자창wing-spear이 널리 사용되었다는 사실이다. 이 창은 등자를 갖춘 기병이 다시 빼내기 어려울 정도로 상대방을 너무 깊이 찌르는 것을 방지했다.

봉건제의 탄생은 등자 때문일까

화이트 2세의 주장에 대한 반응은 엇갈렸다. "기술의 역사에 관하여 금세기에 나온 책 가운데 가장 상상력을 자극하는 책"이라는 호평과 함께 "기술의 진보에 대한 부족한 증거에서 도출된 불명확하고 의심스러운 일련의 추론들"이라는 혹평도 있었다. 특히 화이트 2세의 주장은 기술이 사회 변화에 일방적인 영향을 미친다는 기술결정론technological determinism으로 간주되면서 이를 반박하기 위한 여러 논거들이 제시되었다.[5]

사실상 화이트 2세의 주장에는 적지 않은 문제점이 있다. 무엇보다도 그의 설명은 역사가 실제로 전개된 과정을 지나치게 단순화시키고 있다. 예를 들어 프랑크 족과 앵글로색슨 족은 모두 등자를 도입했지만, 프랑크 족만이 8세기에 봉건제를 성립시켰다. 동일한 기술이라도 각 지역이 처한 사회적 상황에 따라 그 효과가 달랐던 것이다. 또

등자와 봉건제에 대한 논쟁을 유발한
『중세의 기술과 사회변화』

한 기술적 요소로만 봉건제의 출현을 설명하기는 어렵다. 화이트 2세의 주장이 가능하기 위해서라도 유럽의 무역이 쇠퇴함에 따라 토지가 유일한 부의 원천이 되었다는 점이나 주군이 기사에게 재분배할 토지가 확보되어야 한다는 점 등이 고려되어야 하는 것이다. 그 밖에 무기의 변화도 급격히 이루어진 것이 아니라 연속적인 성격이었으며, 새로운 무기들이 보병과 기병에 의해 모두 사용되었다는 반론도 있었다.

하지만 화이트 2세의 주장을 자세히 살펴보면 그를 단순한 기술결정론자로 치부하기 어려운 측면도 발견할 수 있다. 예를 들어 그는 역사와 사회에서 기술이 차지하는 위치에 대해 다음과 같이 적었다.

우리가 기술의 역사에 대해 더 잘 이해하게 될수록, 새로운 도구는 단지 문을 열어주기만 할 뿐이라는 사실이 명백해진다. 기술이 우리를 강제로 그 문으로 밀어 넣는 것은 아니다. 새로운 발명이 채택되는가, 거부되는가, 또 채택된다면 그것이 가진 의미가 어느 정도로 구현되는가 하는 것은 기술 자체의 특성뿐 아니라 사회적 환경과 지도자들의 상상력 등에도 의존하는 것이다. … 아마도 프랑크 인들만이 샤를 마르텔의 천재성에 힘입어 등자의 잠재력을 완전히 파악하고, 결국 등자를 이용하여 우리가 현재 봉건제라고 부르는 새로운 사회구조에 의해 지탱되는 새로운 유형의 전투법을 창조했을 것이다.

기사의 전성시대가 열리다

기사 계급은 등자를 계기로 가능해진 특수한 전투, 즉 기마충격전투를 수행하는 집단이었다. 그들은 토지를 소유하고 귀족의 지위를 향유했으며, 충성과 용맹이라는 두 가지 덕목을 매우 중요하게 여겼다. 기사들은 자신의 의무가 전투에 있다는 점을 잘 알고 있었고, 이를 수행하지 못하면 봉토가 몰수된다는 사실을 결코 부정하지 않았다. 또한 그들은 직업 전사로서 용을 죽일 정도로 용맹을 떨칠 것을 약속했으며, 기사들 사이의 무훈 경쟁은 수많은 무훈시를 낳기도 했다. 이와 함께 지속된 실전과 다름없는 마상 시합은 오랫동안 상층계급의 중요한 오락거리가 되었다.

등자의 사용을 확실히 보여주는 증거로는 1077년에 직물로 제작된 바이외 태피스트리Bayeux Tapestry를 들 수 있다. 거기에는 1066년에 벌어졌던 헤이스팅스 전투가 묘사되어 있는데 노르만 기사들이 발에 등자를 걸친 모습이 뚜렷이 보인다. 당시에 영국 군은 엄청난 병력의 우세, 언덕이라는 지형적 이점, 조국을 지킨다는 심리적 강점에도 불구하고 노르만 기사들이 전개한 기마충격전투에 허망하게 무너지고 말았다. 결국 윌리엄 1세가 영국의 새로운 왕으로 즉위했고, 그 후 영국은 봉건사회로 급속히 재편되기 시작했다.

1066년에 벌어진 헤이스팅스 전투를 묘사한 바이외 태피스트리. 정복왕 윌리엄 1세의 누이가 1077년에 제작했다.

기병대의 위력은 십자군 전쟁에서도 확인되었다. 십자군은 1097년에 예루살렘을 함락한 후 1099년과 1177년에 벌어진 이집트 군과의 전투에서도 대승을 거두었다. 당시 십자군은 소수의 기병이 주축을 이루었던 반면, 이집트 군은 다수의 보병으로 구성되어 있었다. 1099년의 전투에서 십자군의 병력은 200명, 이집트의 병력은 7,000명이었고, 1177년에는 그 수가 각각 500명과 6,000명이었다. 이러한 수적 열세에도 불구하고 십자군이 승리할 수 있었던 것은 등자와 카우치드 랜스couched lance 덕분이었다. 당시 십자군은 두 발을 등자에 고정시킨 후 왼손으로 말고삐를 잡고 오른쪽 옆구리에 카우치드 랜스라는 기다란 창을 낀 채 적진을 향해 전속력으로 돌진했다.

화약

gunpowder

**전쟁의 성격을 바꾼
검은 가루**

화약이 발명된 건 우연이었다 중국의 연단술사들이
단약을 제조하는 과정에서 얻어진 것이다. 화약은
8세기부터 군사무기로 사용되었고, 우리나라에서는
14세기에 최무선이 화약을 최초로 개발했다.
화약은 13세기에 서방으로도 전래되었으며,
15세기 프랑스를 중심으로 화포의 성능도 크게
개선되었다. 그 후 유럽에서 화약 무기가 널리
쓰이면서 전쟁의 선격도 공격 중심으로 전환되었다.
특히 공성攻城용 무기의 상징인 화포는 봉건제의
몰락을 촉진하는 데 크게 기여했다.

★

화약火藥, gunpowder은 중국의 3대 발명 혹은 4대 발명의 하나로 간주된다. 17세기 영국의 철학자이자 과학자인 프란시스 베이컨Francis Bacon은 세상을 바꾼 3대 발명으로 화약, 나침반, 인쇄술을 들었다. 19세기 후반에 중국에서 활동했던 영국의 선교사이자 한학자인 조지프 에드킨스Joseph Edkins는 기존의 3대 발명에 종이를 더해 4대 발명을 주창했다. 20세기에 들어서는 『중국의 과학과 문명』으로 유명한 영국의 과학사학자인 조지프 니덤Joseph Needham이 종이, 화약, 나침반, 인쇄술이 모두 중국에서 유래되었다는 점을 확인했다. 중국은 2008년에 개최된 베이징 올림픽 개막공연에서 이 4대 발명품을 전 세계에 자랑하기도 했다. 이 가운데 화약은 서양의 봉건제가 해체되고 근대사회가 출현하는 데 크게 기여했다.

연단술에서 시작된 화약

화약을 글자 그대로 풀이하면 '불이 붙은 약'이다. 화약은 중국의 연단술사煉丹術士들이 불로장생의 약을 제조하려는 과정에서 우연히 발명되었다.[6] 화약이 처음 발명된 시기를 정확히 알 수는 없지만, 늦어도 7세기에는 상당량이 제조된 것으로 알려져 있다.

당시 연단술사이자 의사인 손사막孫思邈은 『단경丹經』의 「내복유황

법內伏硫黃法」에서 복화伏火를 제조하는 방법을 상술했다.

　유황과 초석이 각각 2량씩 든 항아리에 조각자(쥐엄나무 열매의 씨) 3개를 넣고 불을 지펴 불꽃이 일어날 때 목탄 3근을 넣는다. 목탄이 3분의 1쯤 탔을 때 불을 끄고 혼합물을 꺼내는데, 그것이 바로 '복화'다.

　여기서 유황, 초석, 목탄은 화약과 동일한 성분에 해당하기 때문에 복화를 화약의 시초로 본다. 화약이란 단어는 도교의 경전을 집대성하여 1445년에 발간된 『도장道藏』에 처음 등장한다.

　화약은 오랫동안 약재의 일종으로 간주되었다. 예를 들어 1596년에 이시진이 편찬한 『본초강목本草綱目』에는 "화약은 창선瘡癬과 살충에 주효하며 습기와 온역溫疫을 제거하기도 한다"는 내용이 나온다. 화약의 또 다른 용도로는 불꽃놀이를 들 수 있다. 중국 사람들은 설이나 추석과 같은 명절에 화약을 터뜨리면서 액운과 재앙이 모두 떠나가기를 기원했다.

　화약이 군사 무기로 사용된 시기는 8세기 이후로 알려져 있다. 『신당서新唐書』에는 784년에 이희열이 방사책方士策으로 병영을 불살랐다는 기록이 있으며, 『구국지九國志』에는 904년에 날아다니는 불을 쏘아 성문을 불태웠다는 기록이 있다. 화약 무기는 송나라 시대에 들어와 본격적으로 개발되

흑색화약을 지름 24밀리미터의 25센트 주화와 비교한 모습

었다. 송나라의 수도인 변량에는 군사 장비를 만드는 국영 수공업 장이 설치되었는데, 그중에는 화약과 화기를 제작하는 '화약요자작火藥窯子作'이 있었다. 증공량曾公亮은 1044년에 군사병법서인 『무경총요武經總要』를 편찬하면서 화

송나라 시대의 화창. 원시적인 로켓에 해당한다.

약 무기에 대해 자세히 서술했다. 화약을 이용한 창, 화살, 포에 해당하는 화창火槍, 화전火箭, 벽력포霹靂砲 등이 그것이다.

우리나라 화약의 아버지, 최무선

우리나라에서 화약을 최초로 개발한 사람은 14세기 과학자이자 무인인 최무선으로 알려져 있다. 중국에서 화약을 수입해 고작해야 불꽃놀이에만 사용했던 시절에 최무선은 선구자적인 안목과 노력으로 화약을 국산화하는 데 성공했다. 그가 발명한 화약과 화기 덕분에 고려는 해마다 노략질을 일삼는 왜구를 격퇴할 수 있었다. 『태조실록』의 최무선 졸기卒記에 따르면 최무선은 젊은 시절에 항상 이런 말을 되뇌었다고 한다. "왜구를 막는 데는 화약만 한 것이 없으나, 국내에는 아는 사람이 없다."

사실 최무선이 화약을 제조하기 이전에도 화약의 구성 물질에 대한 기초적인 지식은 어느 정도 알려져 있었다. 문제는 염초(초석)를 추

출하는 방법과 그것을 유황, 목탄과 혼합하는 비율을 알지 못했다는 점이었다. 최무선은 이를 알아내기 위해 다각도로 노력하던 중 원나라 출신의 염초 기술자 이원李元의 도움으로 화약 제조법을 알아낼 수 있었다. 『고려사』에는 1373년에 화살과 화통을 시험적으로 발사했다는 기록이 있는데, 이를 주도한 인물이 최무선으로 알려져 있다. 이어 1377년에는 최무선의 건의로 화약과 화기의 제조를 담당하는 화통도감火筒都監이 설치되었다.

화통도감에서 만들어진 다양한 화약 무기는 1380년에 벌어진 진포대첩에서 큰 위력을 발휘했다. 고려 조정은 화약 무기를 시험해보기 위해 최무선을 부원수로 임명했다. 당시 왜구의 전력은 500여 척이었고, 고려 수군의 전력은 100여 척에 불과했다. 그러나 고려 수군은 화포로 무장한 덕분에 왜선을 거의 불태울 수 있었다. 배를 잃은 왜구 병사들이 육지로 올라오자 이번에는 병마도원수였던 이성계가 전멸시켰다. 진포대첩 이후에 왜구의 침략은 점차 사라졌고, 최무선과 이성계는 백성을 구한 영웅으로 떠올랐다.

고려 말 조선 초의 저명한 학자인 권근은 「진포에서 왜선을 격파한 최무선 원수를 축하하며」라는 시를 남겼다.

공의 재략이 때맞추어 태어나니 삼십 년 왜란이 하루 만에 평정되도다. … 하늘에 뻗치던 도적의 기세는 연기와 함께 사라지고, 세상을 덮은 공의 이름은 해와 더불어 영원하리라. … 종묘사직은 경사롭고 나라는 안정을 찾았으니, 억만 백성의 목숨이 다시 소생하는구나.

군중은 과학적 사실을 소화할 능력이 없는가

|

　　중국에서 처음 발명된 화약은 13세기에 몽골 제국을 통해 서방으로도 전래되었다. 이슬람의 화학자이자 기술자인 하산 알 라마Hasan al-Rammah는 1280년경에 출간한 병서 『기마술과 병기Fighting on Horseback and With War Engines』에서 중국 화약의 성분과 중국 화기의 제조법을 구체적으로 소개했다. 1300년경에는 원시적인 형태의 화포인 마드파madfaa가 개발되어 실제 전투에서 사용되기도 했다. 우묵한 목재 단지 속에 화약을 다져 놓고 그 위에 화살이나 돌 같은 발사체를 올려놓는 방식이었다. 화약에 불을 붙이면 화살이나 돌이 적을 향해 날아갔지만, 명중률은 매우 나빴다고 한다.

　　이와 비슷한 시기에 화약은 유럽에도 전해졌다. 영국의 수도사이자 철학자인 로저 베이컨Roger Bacon은 1267년경에 저술한 『기술과 자연의 신비로운 작용과 마술의 공허함에 관한 기록Letter on Secret Works of Art and of Nature and the Invalidity of Magic』에서 화약의 제조법을 논했다. 하지만 그는 다음과 같은 말로 화약의 오용을 경계하면서 핵심적인 내용을 암호문으로 처리했다.

　　군중은 과학적 사실을 소화할 능력이 없다. 군중은 그것을 오용하여 자신들뿐 아니라 현자들에게도 피해를 끼칠 것이다. 그렇다면 진주를 돼지에게 던져주지 말도록 하라.

　　유럽에서 화포가 처음 만들어진 시기는 1320년대로 추정된다. 일

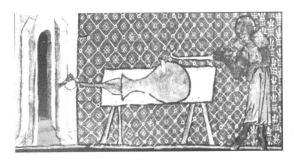

설에 따르면 1324년에 독일의 수도사이자 연금술사인 베르톨트 슈바르츠Berthold Schwarz가 유럽에서 화포를 처음 설계했다고 한다. 당시의 화포는 컬버린culverin 혹은 봄바드bombard라고 불렸는데, 철관을 몇 개 주조한 뒤 강철 환대를 동여매는 식으로 만들어졌다. 컬버린은 돌로 만든 탄환인 석공을 발사하는 용도로 사용되었으며, 정확도는 떨어졌지만 심리전에는 상당한 효과를 발휘했다.

방어에서 공격으로 전쟁의 양상이 바뀌다

유럽에서 화포가 사용된 초기 사례로는 1346년에 벌어진 크레시 전투를 들 수 있다. 당시 프랑스의 병력은 8만 명이었지만 영국의 병력은 1만 6,000명 정도에 불과했다. 영국 군은 수적으로는 열세였지만 가지고 있던 다섯 문의 화포는 프랑스 진영에 혼란과 공포를 일으키기에 충분했다. 영국 군은 화포로 겁을 주고 장궁으로 일제히 사격을 퍼부어 승리를 거두었고, 이 전투는 화포의 위력이 알려지는 계기가 되었다.[7]

화포의 중요성에 본격적으로 주목한 사람은 프랑스의 샤를 7세였

대포를 사용했던 1429년 오를레
앙 전투의 모습

다. 그는 1422년 왕위에 오른 후 전국의 과학자들과 기술자들을 집결
시켜 화포의 성능을 개선하는 작업에 착수했다. 수많은 실험 끝에 포
신을 길게 하고 바퀴로 이동시킬 수 있는 화포가 개발되었다. 발사체
로는 과립 형태의 화약이 사용되었으며, 발사 각도를 조정하기 위한
포이砲耳도 고안되었다. 당시 프랑스 사람들은 기존의 조잡한 화포와
구분하기 위해 '대포cannon'라는 용어를 만들기도 했는데, 이 말은 원
통을 뜻하는 라틴어인 칸나canna에서 비롯되었다.

　오르반Orban으로 알려진 헝가리 출신의 기술자도 대포 제작에 열을
올렸다. 오르반은 1452년에 비잔틴 황제 콘스탄티누스 11세에게 청
동 대포의 제작을 제안했지만 경제적 여력이 없던 황제는 거부하고
말았다. 그러자 오스만제국을 통치하고 있던 메흐메트 2세에게 접근
했고 그는 곧바로 오르반의 제안을 받아들였다. 오르반이 만든 대포
인 바실리카Basilica는 괴물이나 다름없었다. 길이는 8.25미터에 달했
고 450킬로그램이 넘는 석공을 발사할 수 있었다. 1453년 메흐메트
2세는 50일 간의 포위 공격 끝에 콘스탄티노플을 함락시킨 후 이슬람

1453년 오스만제국이 콘스탄티노 플을 함락시킬 때 사용한 청동 대포

에 바친다는 의미에서 '이스탄불'로 개명했다.[8]

대포의 위력은 1494년의 몽 생 조반니 전투에서 뚜렷이 확인되었다. 당시 샤를 8세는 2만 5,000명의 군사를 이끌고 나폴리로 향했는데, 그 외곽에는 몽 생 조반니 요새가 가로놓여 있었다. 수백 년 동안 수많은 공격을 받았지만 단 한 번도 침략을 허락하지 않았던 요새였다. 프랑스 군은 성벽에서 90미터 거리에 대포를 설치한 후 45킬로그램의 포탄을 쏘아댔다. 8시간 동안 포탄으로 쉼 없이 두들긴 결과, 성벽은 허무하게 무너지고 말았다. 결국 샤를 8세는 나폴리에 무혈로 입성했고 스스로 나폴리 왕위에 즉위했다.

이처럼 화약 무기는 전쟁의 양상을 크게 바꾸었다. 이전에는 방어가 중시되었기 때문에 공격해오는 적을 맞받아치기 위한 무기가 주로 발달했다. 그러나 15세기 이후에는 화약 무기가 본격적으로 사용되면서 전쟁의 성격이 공격 중심으로 전환되었다. 특히 화포는 성을 공격하는 무기로 쓰이면서 성에 의존하는 봉건제의 몰락을 촉진했다. 또한 기사 위주로 구성된 중세의 기병대도 개인용 화기의 발달과 더불어 급격히 쇠퇴하기 시작했다. 그 후의 전쟁은 화약 무기가 주도했다고 해도 과언이 아니다.

유리

glass

**천의 얼굴을 가진
단단하고 투명한 물체**

유리는 메소포타미아와 이집트에서 처음 사용된
후 세계 각지로 전파되었다. 기원전 1세기경에는
유리불기법이 발명되었고, 7세기경에는 스테인드
글라스가 등장했으며, 14세기에는 무라노 섬이
유리 가공의 중심지로 부상했다. 그 후 유리가
산업화의 단계로 접어들면서 많은 사람들이
유리를 사용하게 되었고, 유리병과 판유리를
만드는 공정도 자동화되었다. 20세기에 들어서는
안전유리, 내열유리, 광섬유 등과 같은 특수 유리가
개발되었다.

★

유리는 어디에나 있다. 우리는 건축물의 창, 술이나 음료를 담는 병, 안경의 렌즈, 거리의 네온사인, 실험실의 비커 등에서 일상적으로 유리를 보고 만진다. 카메라, 자동차, 텔레비전, 휴대폰 등을 만들 때도 유리는 없어서는 안 될 물질이다. 가장 간단한 형태의 유리는 모래(규사), 석회(탄산칼슘), 소다(탄산나트륨)를 고온으로 녹인 후 급속히 냉각시켜 만든다. 유리는 주조, 압연, 용접 등을 통해 자유자재로 형태를 변형시킬 수 있으며, 기본 성분에 다른 화학물질을 첨가하여 색상이나 성질을 바꿀 수도 있다.

흰 모래와 소다 덩어리의 만남

1세기 로마의 정치가이자 학자인 플리니우스는 『자연사Naturalis Historia』에서 유리의 기원에 대해 이렇게 설명한다. 어느 날 페니키아의 천연소다 무역상이 오늘날의 이스라엘 영내를 흐르고 있는 베루스 강변에 이르렀다. 그는 식사를 준비하려고 솥을 받쳐놓을 돌을 찾았지만, 끝내 마땅한 돌을 찾지 못했다. 하는 수 없이 그는 가지고 있던 소다 덩어리 위에 솥을 얹어놓고 불을 지폈다. 그런데 가열된 소다 덩어리가 강변의 흰 모래와 혼합되자 투명한 액체가 흘러나왔다. 이 투명한 액체가 바로 유리였다는 것이다.

유리는 기원전 3000년경에 메소포타미아에서 처음 사용되었던 것으로 전해진다. 당시의 메소포타미아 유적에서 유리 조각이나 유리 막대기가 발굴되었던 것이다. 메소포타미아 유리에 관한 최초의 기록은 다르 오마르의 점토판 문서이다. 다르 오마르는 기원전 18세기 말부터 17세기 초에 걸쳐 남부 바빌로니아를 지배한 왕이다. 그의 문서에는 투명한 유리 가루에 다양한 물질을 섞어서 연유鉛釉라는 채색 유약을 제조하는 방법이 소개되어 있다. 그것은 당시의 유리 제조기술이 상당한 수준에 이르렀음을 가늠케 한다.

메소포타미아가 아니라 이집트에 주목하는 사람도 있다. 19세기의 저명한 고고학자인 플린더스 피트리Flinders Petrie는 기원전 3500년경에 이집트에서 유리가 처음 사용되었다고 주장했다. 그러나 과학적인 성분 분석의 결과, 제18왕조(기원전 1552~1306년) 이전에는 유리가 생성되지 않았다는 사실이 밝혀졌다. 이집트의 경우에는 기원전 5세기경부터 유리가 본격적으로 생산되기 시작했으며, 프톨레마이오스 왕조(기원전 323~30년) 때는 세계 최대의 유리 생산지로 부상했다. 당시의 유명한 유물로는 유리 암포라glass amphora를 들 수 있는데, 용융된 유리 속에 모래나 진흙으로 만든 모형을 담근 후 유리가 식어 굳어지면 모형을 긁어내는 방식으로 만들어졌다.

메소포타미아와 이집트에서 시작된 유리는 세계 각지로 전파되었다. 이 과정에서 유리의 중심 지역이 차츰 이동하는 경향도 나타났다. 기원전 1세기부터 기원후 4세기까지는 로마와 중국이 유리의 중심지였다. 이어 이슬람과 영국에서 유리 제조가 활발히 이루어졌고, 14세기에는 이탈리아의 무라노 섬이 유리 가공의 중심지로 부상했다. 그중에서 주목할 만한 것으로는 로마 유리Roman glass와 무라노 유리Mura-no glass를 꼽을 수 있다.

유리의 메카가 된 로마

기원전 1세기경 로마에서 '유리불기glass blowing 법'이 발명되었다. 철 파이프의 앞 끝에 유리를 말아 올려 둥글게 한 후 반대편 끝에서 입으로 바람을 불어 넣어 유리를 풍선처럼 부풀리는 방법이었다. 로마 시대의 기술자들은 이 방법을 활용해 이전보다 많은 양의 유리를 수월하게 생산했고 꽃병, 접시, 물병, 술잔 등 다양한 유리 제품을 만들어낼 수 있었다. 덕분에 당시의 고위층 인사들은 역사상 처음으로 포도주를 유리잔에 담아 마실 수 있었다.

4세기경 로마의 시인인 단테우스는 이런 노래를 읊었다고 한다. "우리는 창유리를 통해 보고자 하네. 눈으로 물건들을 식별할 수 있다네." 이 시는 로마 시대에 창유리가 상당히 보급되었다는 사실을 보여주는 근거로 간주되고 있다. 그러나 당시에는 창유리를 대량으로 생산할 수 없었으며 일부 교

프톨레마이오스 왕조 시기의 유리 암포라. 몸통이 불룩 나온 긴 항아리의 형태를 취하고 있다.

4세기 로마에서 유리로 만들어진 새장 모양
의 컵cage cup

회나 저택에서만 사용되었다는 것이 지배적인 평가이다.

로마 시대의 판유리는 유리불기법으로 만든 유리를 잘라서 돌림판 위에 올려놓은 후 원심력을 활용하여 평평하게 만든 것이었다. 이 방법은 '크라운 법'으로 불렸는데, 가공 중인 유리의 형태가 왕관처럼 보였기 때문이다. 크라운 법으로 제작된 판유리는 원형이었고 원기둥 모양의 요철도 있었다. 게다가 판유리를 사각형의 창유리로 만들려면 네 개의 가장자리를 잘라내야 했다. 따라서 크라운 법으로 창유리를 대량 생산한다는 것은 거의 불가능에 가까운 일이었다.

무라노 섬에서 탄생한 놀랍도록 투명한 유리

중세 유럽에서 유행한 스테인드글라스stained glass도 고육지책의 산물이었다. 커다란 판유리를 제작할 수 없었기 때문에 작은 유리 조각을 모자이크 방식으로 이어 붙였던 것이다. 초기의 스테인드글라스는 무색의 투명한 유리를 사용했으며, 7세기경에는 형형색색의 유리를 활용한 스테인드글라스가 등장했다. 스테인드글라스는 유럽 각지에서 널리 제작되었고, 지금도 오래된 성당이나 가옥에서 볼 수 있다.

1204년에 콘스탄티노플이 함락되면서 비잔틴제국의 유리 기술자들은 지중해를 건너 이탈리아의 베네치아에 정착했다. 그들은 뛰어난 솜씨로 베네치아 상인들이 세계 전역을 누비며 판매할 만한 사치스러운 유리 제품을 만들었다. 그러나 유리 생산이 본격화되면서 화재의 위험이 제기되기도 했다. 유리를 대량으로 생산하려면 섭씨 500도까지 열을 발산하는 용광로가 필요했는데 당시만 해도 베네치아는 대부분 목조 건물로 이루어져 있었던 것이다. 결국 베네치아 정부는 1291년에 유리 기술자들을 육지에서 1.5킬로미터 떨어진 무라노 섬으로 이주시켰다.

14세기 초가 되자 무라노 섬은 '유리의 섬'으로 알려졌다. 무라노에서 제작된 화려하고 정교한 유리 제품은 높은 신분을 드러내는 사치품이 되어 유럽 전역으로 팔려나갔다. 안젤로 바로비에Angelo Barovier라는 유리 기술자는 수많은 시행착오 끝에 산화칼륨과 망간이 풍부한 해초를 찾아냈다. 이 해초를 태워 재로 만든 뒤에 녹은 유리에 첨가하자 놀랍도록 투명한 유리가 되었다. 바로비에는 이 혼합물에 오늘날 크리스털의 어원인 "크리스탈로cristallo"라는 이름을 붙였다.

산업화 국면에 진입한 유리

15세기 이후 유리는 산업화 단계로 접어들었고, 일반 사람들도 유리를 사용할 수 있게 되었다. 구텐베르크의 인쇄술이 보급되면서 나타난 현상 중의 하나는 안경의 수요가 폭발적으로 증가했다는 사실이다. 시력이 나쁜 사람들이 책이나 잡지를 보기 위해 안경이 필요했던 것이다. 구텐베르크의 발명 이후 100년이 지나지 않아 수천 명의 안경 제작자들이 유럽 전역에서 우후죽순으로 생겨났다. 이어 17세기에는 망원경과 현미경이 등장하는 등 유리의 용도가 더욱 확장되었다. 인류가 자연적인 시력의 한계를 넘어 관찰을 할 수 있게 된 것도 유리 덕분이라고 할 수 있다.[9]

루이 14세 시절에는 베르사유 궁전에 대형 거울 400개를 사용한 거울의 방La galerie des glaces이 만들어졌다. 너비 10미터, 길이 75미터에 달하는 이 공간은 주로 왕족의 결혼식을 열거나 외국 사신을 접견할 때 사용되었다. 1851년 런던에서 열린 세계 최초의 세계박람회에서는 수정궁Crystal Palace이 웅장한 모습을 드러내기도 했다. 수정궁은 철과 유리로 된 거대한 온실풍의 건축물로, 전체 길이가 개최된 연도를 뜻하는 1,851피트(약 564미터)로 정해졌다.

유리의 산업화와 함께 기술혁신도 가속화되었다. 19세기에 들어서면서 제조 공정의 자동화가 연구된 끝에 1898년 미국의 마이클 오언스Michael Owens가 유리병을 자동으로 제조할 수 있는 기계를 선보였다. 이를 활용하면 용융된 유리를 흡입하여 정확한 양만큼 회전하는 주형에 이동시킬 수 있었고, 시간당 2,500여 개의 유리병을 생산할 수 있었다. 이어 1957년에는 영국의 알라스테어 필킹턴 경Sir Alastair Pilkington이 플로트 공법float process으로 특허를 받으면서 본격적인 판유리 시대를 열었다. 용융된 주석의 표면에 용융된 유리를 붓는 방식이라 요철이 없었기 때문에 판유리를 만든 후 다시 갈고 닦아서 표면을 매끄럽게 할 필요가 없게 되었다.[10]

프리드리히 헬린Friedrich Herlin, 「성
피터의 독서Reading Saint Peter」, 1466
년. 안경을 쓰고 독서를 하는 성직
자의 모습을 볼 수 있다.

유리를 주재료로 사용한 세계 최초의 대형 건축물인 수정궁. 수정
궁은 1851년에 영국 런던에서 열린 세계박람회의 전시장으로 사용
되었다.

특별한 유리들의 등장

20세기에는 안전유리, 내열유리, 광섬유 등과 같은 특수한 용
도의 유리도 등장했다. 두 장의 유리 사이에 투명한 플라스틱 판을 끼
워 넣어 만드는 안전유리는 1904년 프랑스의 에두아르 베네딕투스
Edouard Benedictus가 나이트로셀룰로스의 성질을 연구하다가 우연히 착
안한 것이다. 그는 1909년에 특허를 받은 후 '트리플렉스triplex'라는
안전유리를 생산했다. 안전유리는 1920년대 들어서 자동차에 사용되
며 널리 보급되기 시작했고, 오늘날에는 차가 충돌했을 때 찌그러지
도록 열처리된 판유리가 사용되고 있다.

내열유리의 개발은 19세기 말부터 시도되었고, 20세기 초에 코닝
글라스워크스Corning Glass Works에 의해 일단락되었다. 1908년 이 기업
의 연구진은 산화붕소를 10~15퍼센트 첨가하면 유리의 열팽창률이

안전유리의 내부를 들여다보면 원형의 거미
줄 패턴이 나타난다.

크게 낮아진다는 점을 발견했고, 이를 바탕으로 1915년에 '파이렉스py-rex'라는 내열유리를 내놓았다. 파이렉스는 물러지는 온도가 높을 뿐 아니라 화학약품에 대한 저항력도 강하기 때문에 주방용품이나 실험 도구에 널리 사용되고 있다.

광섬유는 유리섬유와 레이저가 결합해 만들어진 것이다. 1954년에 인도 출신의 내린더 케이퍼니Narinder Kapany는 유리섬유를 통해 빛을 전달할 수 있다는 점을 발표했고, 1965년에 중국 출신의 찰스 카오Charles Kao는 유리섬유 안의 불순물을 제거하면 신호 감쇠 현상이 줄어든다는 점을 알아냈다. 광섬유가 상업화되는 데에는 코닝글라스워크스와 벨연구소의 역할이 컸다. 1970년에 코닝글라스워크스의 연구진이 맑은 유리에서 매우 투명한 섬유를 뽑아냈고, 벨연구소의 과학자들이 이 유리섬유에 레이저광선을 쏘았던 것이다. 그 후 광섬유는 원격 통신에 널리 사용되었으며, 오늘날 전 지구를 망라하는 인터넷 망도 광섬유 케이블로 연결되어 있다.

범선

sailing ship

**인류 문명의 범위를 넓힌
돛의 기적**

배의 역사는 갈대배, 통나무배, 뗏목 등에서
출발했다. 기원전 3000년경에는 돛을 단 배,
즉 범선이 출현하여 항해와 무역을 주도하기
시작했다. 고대와 중세의 유명한 범선으로는
갤리선과 바이킹선을 들 수 있고, 15~17세기에는
대항해시대를 배경으로 캐러벨, 캐랙, 갤리온 등과
같은 다양한 범선들이 개발되었다. 19세기에는
증기선이 등장하여 범선을 위협하는 가운데
클리퍼로 불린 쾌속 범선이 등장하기도 했다.
오늘날 범선은 실습선이나 유람선으로 명맥을
유지하고 있다.

★

배는 인류와 오랫동안 함께해온 해상 교통수단이다. 그러나 인류가 인공적인 동력으로 작동하는 배를 사용한 것은 200년 정도에 불과하다. 증기선이 등장한 건 19세기 초였고, 증기터빈이나 디젤엔진이 사용된 것은 20세기에 들어서였다. 그 전에는 인간이 직접 노를 젓거나 돛으로 바람의 힘을 활용해 배를 운항했다. 돛을 단 배는 범선帆船으로 불리는데, 범선이 영어로 sailing ship이라는 점도 흥미롭다. 범선이 오랫동안 배의 역사를 주도해왔기에 항해용 선박의 대명사로 간주되었던 것이다.

바다가 새로운 활동 무대가 되다

인류가 배를 처음 사용한 시기는 약 1만 년 전으로 추정된다. 초기의 배로는 파피루스 같은 갈대 종류의 풀을 묶어 만든 갈대배, 나무의 속을 파서 만든 통나무배, 여러 개의 나무토막을 엮은 뗏목 등이 거론된다. 이 같은 원시적인 배가 사용되면서 물갈퀴, 돛, 노 등과 같은 다양한 도구가 제작되기도 했다.[11] 노르웨이의 인류학자이자 탐험가인 토르 헤위에르달Thor Heyerdahl은 1947년에 콘티키Kon-Tiki라는 뗏목을 만들어 태평양을 직접 횡단함으로써 세간의 주목을 받기도 했다.

오늘날과 같은 형태의 배는 늦어도 기원전 3000년경에 이집트와

메소포타미아에서 건조된 것으로 보인다. 당시 이집트 사람들이 가로
돛을 달고 노를 장착한 배로 지중해나 홍해 연안을 항해했다는 기록
도 전해진다. 이러한 범선의 등장으로 인류 문명의 범위는 크게 확장
될 수 있었다. 범선 덕분에 사람들은 강이나 호수를 쉽게 건널 수 있
었고, 섬에 정착해 살 수 있었으며, 바다를 새로운 활동 무대로 삼을
수 있었다. 이와 관련하여 1세기 로마의 저명한 학자인 대플리니우스
는 아마로 만든 돛을 '기적'으로 칭송하기도 했다.

이후에 범선은 다양한 형태로 진화했다. 그리스 시대와 로마 시대
에는 지중해 연안에서 '갤리galley'라고 불린 군선이 등장했다. 폭이 좁
고 길이가 긴 형태의 갤리선은 노를 주로 쓰고 돛을 보조적으로 사용
하는 것이 특징이었다. 처음에는 노를 1단으로 배열했지만 나중에는
노를 3단으로 배열한 트라이림trireme이 주로 사용되었다. 로마에서 16
단 갤리선이 등장했다는 주장도 있으나, 그것은 노의 층수가 아니고
노 한 개를 젓는 사람의 수를 뜻하는 것으로 보인다.

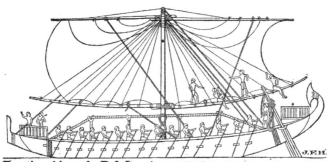

Egyptian ship on the Red Sea, about 1250 B.C. [From Torr's "*Ancient Ships.*"]
Mr. Langton Cole calls attention to the rope *truss* in this illustration, stiffening the beam
of the ship. No other such use of the truss is known until the days of Modern engineering.

기원전 1250년경에 홍해를 운항했던 이집트 범선을 모사한 그림

배의 역사에서 빼놓을 수 없는 것이 8~11세기에 위세를 떨쳤던 바이킹선Viking ships이다. 갤리선과 같은 지중해 지역의 배는 골격을 먼저 세운 뒤 널빤지 외피를 고정시키는 방식으로 만들어졌지만, 바이킹선과 같은 북해 지역의 배는 널빤지 외피부터 만든 뒤 그것들을 겹쳐 이어 붙이는 방식을 택했다. 바이킹선은 선수와 선미가 같은 모양으로 치솟아 있었으며, 용머리와 같은 장식품을 달아 위

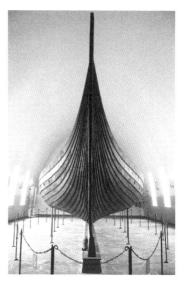

오슬로의 문화역사박물관에 전시되어 있는 고크스타드호

용을 과시하기도 했다. 노르웨이의 오슬로에 있는 문화역사박물관에는 오세베르그Oseberg, 고크스타드Gokstad, 투네Tune 등 세 척의 바이킹선이 전시되어 있다.

서양에 앞선 중국의 위대한 항해

중국에서도 오래전부터 범선이 사용되었는데, 송나라 시기에는 대양용 배인 정크junk선이 제작되었다. 정크선은 얕은 물에서도 다닐 수 있도록 바닥이 평평했고, 3~12개의 돛대에 부채처럼 생긴 돛을 달고 있었다. 이 배는 내부를 칸막이 방으로 나누어 배의 외부가

파괴될 경우에도 일부분만 침수도록 설계된 것이 특징이었다. 이는 당시 유럽의 배에서는 발견되지 않는 독특한 구조다. 11세기에는 중국의 정크선들이 인도나 중동에서 만들어진 작은 배들을 물리치고 인도양 무역을 장악하기 시작했다.

중국은 항해술에서도 서양을 앞섰다. 늦어도 12세기에 중국 선원들은 항해에 나침반을 사용하는 법을 터득했다. 이에 대한 최초의 기록으로 1111년에서 1117년 사이에 발간된 주욱朱彧의 『평주가담萍州可談』을 들 수 있다. 이 책에는 "야간에는 별을 보고 낮에는 해를 보면서 항해했다. 흐린 날에는 지남침을 보아야 한다"고 기록되어 있다. 1123년에 송나라 사신으로 고려를 다녀간 서긍徐兢은 『고려도경高麗圖經』에서 자신이 탄 배가 고려를 향할 때 나침반을 사용했다고 전한 바 있다.

1405년에 명나라 3대 황제 성조(영락제)는 인도양 주변 국가에 원정대를 보냈다. 당시에 정크선을 건조하고 무역을 맡은 선봉장은 환관 출신의 정화鄭和였다. 그는 1433년까지 27년 동안 일곱 차례나 동남아와 인도를 거쳐 페르시아로 항해했다. 그의 함대 중 일부는 아프리카 동해안에 있는 케냐의 말린디까지 갔다. 33개국에 달하는 국가에 당도했던 정화는 해당 국가의 사절단을 초빙하고 조공을 받는 등 중국과의 교류를 촉진했다.

1405년에 시작된 정화 함대의 남해 원정은 서양보다 앞선 위대한 항해로 평가되고 있다. 유럽의 경우를 보면 크리스토퍼 콜럼버스Christopher Columbus의 신대륙 발견은 1492년, 바스쿠 다가마Vasco da Gama의 인도 항해는 1497년, 페르디난드 마젤란Ferdinand Magellan의 세계 일주

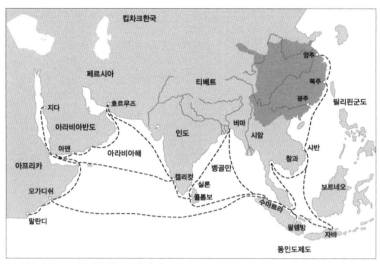

1405년부터 1433년까지 정화 함대의 원정 경로

는 1519년에서야 이루어졌다. 정화의 원정은 규모의 측면에서도 다른 항해를 크게 능가했다. 정화가 이끈 함대는 62척의 배에 승무원이 2만 7,800여 명에 달했던 반면, 콜럼버스의 경우는 배 3척에 승무원 120명, 바스코 다가마의 경우는 배 4척에 승무원 170명, 마젤란의 경우는 배 5척에 승무원 265명 정도였다.

대항해시대의 개막

│

　중국에서는 정화 함대를 끝으로 더 이상 원정이 없었지만, 유럽은 15세기 이후에 계속해서 새로운 지역을 찾아 나섰다. 이른바 '대항해시대'가 시작된 것이다. 대항해시대에 적극적이었던 국가는 그동안 지중해 연안의 무역에서 소외되었던 포르투갈, 스페인, 네덜란드, 영국이었다. 15~17세기에는 항해의 규모가 점차 증가하면서 다양한 유형의 범선들이 잇달아 등장했다. 대표적인 예로는 캐러벨caravel, 캐 랙carrack, 갤리온galleon을 들 수 있다.[12]

캐러벨은 돛대를 여러 개 세우고 큼직한 삼각돛을 배치한 범선이 다. 캐러벨의 발명과 혁신에는 '항해의 왕'으로 불리는 엔히크Henrique, Duque de Viseu 혹은 Henrique O Navegador 왕자의 역할이 컸다. 그는 포르투갈 남서부 사그레스에 연구소를 세우고 선박 설계자, 과학자, 지도 제작 자 등을 결집시켜 정교한 선박과 주변 장치의 개발을 추진했다. 포르 투갈 연구진이 설계한 캐러벨 범선의 속도는 상당이 빨랐고 대포와 같은 무거운 화물도 장착할 수 있었다. 캐러벨은 이후에 등장한 범선

15세기 포르투갈에서 개발되었던 캐러벨 범선 을 재현한 모습

16세기 초에 제작된 캐럭 범선인 플로 델 라 마르Flor de la Mar로 '바다의 꽃'이란 뜻을 가지고 있다.

16~17세기에 군선으로 널리 사용된 갤리온 범선

의 기준점 역할을 했다.

캐랙은 캐러벨을 개량하여 선수와 선미를 높이고 선박의 크기를 키운 것이다. 캐러벨은 수용할 수 있는 중량이 50톤 정도인데 비해, 캐랙은 100톤을 넘어섰다. 콜럼버스, 바스쿠 다가마, 마젤란 등이 새로운 항로를 개척할 때 사용했던 배도 캐랙이었다. 원거리 항해에서는 캐랙을 주 선박으로, 캐러벨을 보조 선박으로 편성하는 방식이 활용되기도 했다. 예를 들어 콜럼버스의 1492년 항해에서는 산타마리아Santa Maria, 핀타Pinta, 니냐Niña 등 세 척의 범선이 사용되었는데, 그중 산타마리아는 캐랙이었고, 핀타와 니냐는 캐러벨이었다.

갤리온은 캐랙에서 길이를 늘이고 흘수(배가 물 위에 떠 있을 때 물에 잠겨 있는 부분의 깊이)를 얕게 하여 속도와 안정성을 동시에 높인 배이다. 갤리온은 스페인에서 처음 개발되었지만, 이를 크게 개선한 사람은 영국의 헨리 8세였다. 그는 대포로 무장한 갤리온을 만들기 위해 연구개발본부를 출범시켜 전폭석으로 지원했다. 이때 포르투갈의 엔히크 밑에서 일하던 인재들이 영국의 연구개발본부로 합류했다는 점도 흥미로운 사실이다. 1545년에 완성된 '위대한 해리Great Harry'호에는 60

파운드짜리 대포 4문과 32파운드짜리 대포 12문이 장착되어 있었다.

배에 담긴 희망과 절망

16~17세기의 네덜란드에서는 '헤링 버스Herring Buss'로 불리는 청어 어선이 개발되기도 했다. 이 어선은 열다섯 명이 넘는 선원을 태울 수 있었고, 악천후의 바다에서도 8주 동안 머물 수 있었다. 게다가 갓 잡아 올린 청어의 내장을 제거하고 소금에 절여 포장까지 하는 데 필요한 각종 재료와 장비가 구비되어 있었다. 이 배로 네덜란드는 북해의 청어 어업을 장악한 것은 물론 부가가치가 높은 청어 무역을 선도하게 되었다.

사람들이 배에 부여하는 의미는 극과 극을 넘나들었다. 1620년의 메이플라워Mayflower호와 1839년의 아미스타드Amistad호는 이러한 점을 잘 보여준다. 메이플라워호에 탑승한 사람들은 67일간의 항해를 하면서 악취와 구토에 시달려야 했지만, 그들에게는 종교의 자유를 찾아 나선다는 희망이 있었다. 그에 반해 아미스타드호에 몸을 실은 흑인 노예들은 거동조차 할 수 없는 좁은 공간에서 절망의 시간을 보내야 했다. 이들은 배를 점거한 후 자신들을 고향으로 보내달라며 반란을 일으키기도 했다.[13]

19세기에는 증기선이 등장하여 범선의 지위를 위협했지만 범선이 곧바로 사라진 것은 아니었다. 19세기 내내 범선을 혁신하기 위한 노력은 계속되었다. 클리퍼clipper로 불린 쾌속 범선이 대표적인 예이다.

클리퍼는 폭에 비해 선체를 길게 하여 날렵하게 만든 배인데, 적하 능력까지 제한함으로써 배의 속도를 더욱 높였다. 1852년에 미국에서 건조된 '바다의 통치자Sovereign of the Seas'는 1854년에 약 시속 41킬로미터의 속도를 기록하면서 세상

세상에서 가장 빠른 범선으로 기록된 '바다의 통치자'

에서 가장 빠른 범선의 영예를 얻었다.

범선에서 증기선으로의 전환은 1869년에 수에즈 운하가 개통되면서 더욱 탄력을 받았다. 수에즈 운하의 개통으로 항해 거리가 대폭 단축되면서 증기선에 석탄 대신 화물을 더 많이 실을 수 있었기 때문이다. 그 후 범선은 점차 자취를 감추었고 1949년을 끝으로 항해와 무역의 일선에서 물러났다. 오늘날에는 실습선이나 유람선으로 그 명맥이 이어지고 있다.

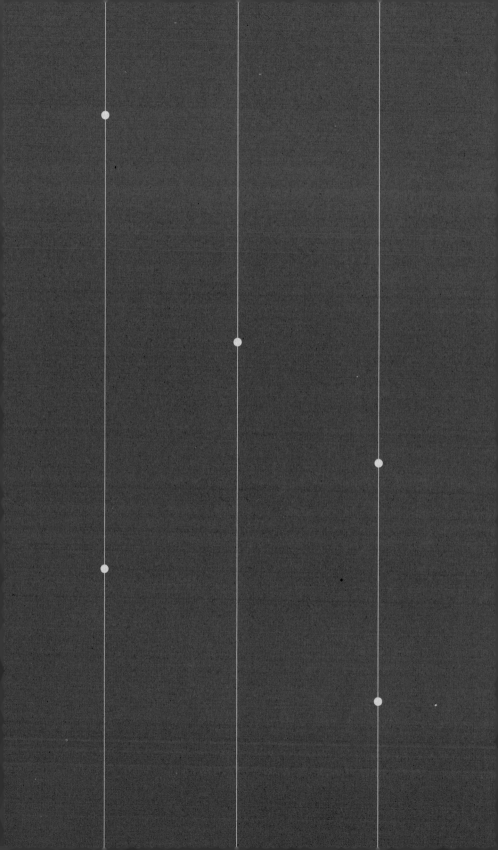

소총

rifle

부품의 호환성에 주목한
미국식 생산체계

최초의 총은 불을 붙여 화약이 터지는 힘으로
총탄이 발사되는 핸드 캐넌이라고 할 수 있다.
그러나 오늘날의 소총과 비슷한 형태의 총은
아쿼버스가 최초이다. 일본의 조총도 아쿼버스의
일종인데, 1600년만 해도 일본은 지구상 어느
나라보다 총을 많이 보유했다. 그러나 칼을 선호
하는 사무라이 문화와 해외와의 교류를 제한하는
정책 때문에 오랫동안 총기가 사용되지 않았다.
한편 서양의 아쿼버스는 15세기 후반부터
머스킷으로 진화했고, 19세기부터는 소총을
대량으로 생산하기 시작했다. 유럽에 비해 숙련된
노동자가 적었던 미국은 소총을 생산하면서
교환이 가능한 부품에 주목했는데, 이처럼 부품의
호환성을 고려한 생산방식은 '미국식 생산체계'라고
불린다.

★

오늘날 군대의 기본적인 개인 화기는 소총小銃이다. 소총이라는 말은 일본의 에도 시대에 처음 사용되었던 것으로 전해진다. 당시에는 대포와 같이 큰 총기를 대총大銃으로, 사람이 휴대할 수 있는 작은 총기를 소총으로 불렀다. 사실상 영어의 '건gun'은 총과 포를 둘 다 가리키는 말이며, 초기의 총은 포를 소형화하는 과정에서 등장했다. 소총을 뜻하는 영어 단어로는 '라이플rifle'이 통용되고 있다. 그러나 라이플 이전에도 '머스킷musket'으로 불린 소총이 있었으며, 실제로 전투에서 가장 오랫동안 기본 화기로 사용되었던 것은 머스킷이라 할 수 있다. 프랑스의 소설가 알렉산드르 뒤마Alexandre Dumas의 『삼총사The Three Musketeers』도 글자 그대로 풀이하면 '세 명의 머스킷 총병'이 된다.

최초의 총은 무엇일까

총의 기원은 핸드 캐넌hand cannon 혹은 화총火銃이라고 할 수 있다. 핸드 캐넌은 1000년경에 중국에서 처음 개발된 것으로 추정된다. 중국은 8세기 이후에 화약을 무기로 사용해왔는데, 다양한 화기를 개발하던 중에 휴대가 가능한 화총을 만들었던 것이다. 13세기에는 화약이 유럽에 전래되었고, 14세기가 되면 유럽에서도 핸드 캐넌이 제작되기에 이른다. 비슷한 시기에 우리나라에서도 개인용 화기인 총통

야곱 드 게인 2세(Jacob de Gheyn II, 「머스킷을 든 병사(Musketeer)」. 1608년

銃筒이 개발되기 시작했다.

현존하는 가장 오래된 핸드 캐넌은 원나라 시대(1271~1368년)에 만들어진 화총을 들 수 있다. 화총의 전체 길이는 43.5센티미터이고, 총구 크기는 3센티미터이다. 둥그런 탄약을 총신 안에 넣은 후 불을 붙이면 화약이 터지는 힘으로 총탄이 발사되었다. 당시의 핸드 캐넌은 명중률이 그리 높지 않았고 탄약을 장전하는 데에도 많은 시간이 걸렸다. 그래서 주력 무기로 사용되지는 못했고 많은 경우에 적군에게 위협을 가하는 정도에 머물렀다.

핸드 캐넌에 이어 등장한 개인용 화기는 아퀴버스arquebus였다. 아퀴버스는 '자루 혹은 고리가 달린 총'이라는 뜻으로 형태는 오늘날의 소총과 유사했다. 손잡이(자루)와 방아쇠(고리)가 달려 있어서 병사들이 총을 어깨에 밀착시켜 쏠 수 있었고, 별도의 불심지(화승)를 활용해 탄약을 점화시키는 방식을 채택했다. 아퀴버스는 14~15세기에 유럽의 여러 전투에서 상당한 위력을 발휘했다. 당시의 전투에서는 개인용 무기로 창과 총이 병행되는 경향을 보였다.

세계에서 총이 가장 많았던 중세 일본

우리에게 익숙한 조총鳥銃도 아쿼버스의 일종으로 평가된다. 조총은 하늘을 날아가는 새를 쏘아 맞힐 수 있을 정도로 성능이 좋은 총을 뜻하는데, 원래 이름은 종자도총種子島銃이다. 일본은 1543년에 다네가시마(종자도)에 상륙한 포르투갈 무역선에서 아쿼버스 두 자루를 입수해 이를 바탕으로 조총을 만들었다. 조총은 도요토미 히데요시豊臣秀吉가 일본을 통일할 때와 조선을 침략할 때 널리 사용되었다. 조선의 육군은 임진왜란 당시에 일본의 조총 앞에서 속수무책으로 무너지고 말았다.

1600년경에 일본은 지구상 어느 나라보다도 총을 많이 보유했다. 그러나 일본은 얼마 지나지 않아 총을 버리고 옛날로 돌아가는 길을 택했다. 왜 그랬을까? 일본의 무사 계급인 사무라이가 칼을 선호했기 때문이다. 총만 가지고 있으면 일반 농민들도 아주 용맹한 사무라이를 죽일 수 있었다. 이러한 점은 사무라이를 두렵게 만들었고, 사무라

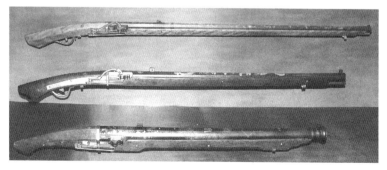

17세기 초 일본의 에도 시대에 사용된 조총

이는 총에 반대하는 입장을 취했다. 칼은 사무라이의 명예와 지위를 구현하는 것인 반면, 총은 외국에서 도입된 살인 도구에 불과하다는 것이었다.[14]

일본 정부는 1630년대에 들어 총기의 생산과 판매를 제한하기 시작했다. 두 마을에서만 총기의 거래를 허용했고 일반인들은 총을 구입하지 못하도록 했다. 또한 모든 외국인을 추방하고 일본인의 해외여행도 금지했다. 18세기가 되자 남은 건 낡아빠진 옛날 총뿐이었고 그조차도 거의 사용되지 않았다. 일본은 오랫동안 외부 세계와의 접촉을 끊었으며 외국의 기술 변화를 따라 갈 이유를 찾지 못했다. 그러던 중 1853년에 미국의 페리 함대에 의해 개항이 이루어지면서 일본은 다시 서양식 총기를 적극 도입하는 것으로 노선을 바꾸었다.

세 가지 종류의 머스킷

서양의 아퀴버스는 15세기 후반부터 머스킷으로 진화하기 시작했다. 머스킷은 기본적으로 아퀴버스를 길게 늘여서 다시 설계한 것이다. 아퀴버스에 비해 더 많은 화약을 사용할 수 있었고, 사정거리도 상당히 길어졌다. 초창기 머스킷은 반동이 심해서 총을 지지하는 별도의 받침대가 필요했으나 지속적으로 개량된 끝에 17세기 후반에는 받침대가 사라지면서 전투용 개인 화기의 주류로 등극했다.

머스킷은 발화장치에 따라 화승식 머스킷matchlock musket, 바퀴식 머스킷wheellock musket, 부싯돌식 머스킷flintlock musket 등으로 구분되며, 동

30년 전쟁(1618~1648
년) 때 사용된 머스킷을 재
연 한 행사

양권에서는 화승총火繩銃, 치륜총齒輪銃, 수석총燧石銃 혹은 수발총燧發銃 등으로 불린다. 화승식은 아퀴버스에도 채택된 방식인데, 날씨가 좋지 않을 때는 사용하기 어렵고 연기와 냄새 등으로 적군에게 쉽게 노출된다는 단점이 있었다. 바퀴식은 오늘날의 라이터와 비슷하게 금속 사이의 마찰을 이용해 불꽃을 일으키는 방식이었다. 이 방식에는 상당히 정교한 기계장치가 필요했고 그만큼 제작하기가 어려워서 널리 사용되지 못했다.

화승식과 바퀴식의 단점을 극복한 것이 부싯돌식이었다. 부싯돌이 프리즌frizzen(공이치기 바로 앞에 똑바로 세운 손가락 모양의 강철 지시물)과 부딪히면 프리즌이 앞으로 튀어나오면서 약실 덮개를 열어 화약이 점화되는 방식이었다. 부싯돌식은 기존의 방식보다 더욱 안전하면서도 불발이 적은 특징을 가지고 있었다. 부싯돌식 머스킷은 1610년에서 1615년 사이에 프랑스의 예술가이자 발명가인 마린 르 부르주아Marin le Bourgeoys가 사냥을 무척 좋아하는 루이 13세를 위해 처음 발명한 것으로 알려져 있다.

머스킷과 미국식 생산체계의 시작

부싯돌식 머스킷은 17세기 중엽 이후 200년 동안이나 널리 사용되었다. 1650년경에 프랑스의 바욘 지방에서 발명된 총검bayonet은 머스킷의 확산을 더욱 촉진했다. 총검의 활용으로 창병은 전장에서 퇴출되기 시작했고, 총검이 달린 머스킷을 사용하는 총병이 주력군으로 부상했다. 1720년대에는 브라운베스Brown Bess와 펜실베이니아 소총Pennsylvania flintlock('켄터키 소총'으로 불리기도 함)이 등장하면서 프랑스에 이어 영국과 미국에서도 부싯돌식 머스킷이 전성시대를 맞이했다. 브라운베스는 700만 대가 제작될 정도로 큰 인기를 누렸고, 펜실베이니아소총은 미국의 독립전쟁과 영토 확장에 널리 사용되었다.

부싯돌식 머스킷과 관련된 용어는 오늘날의 영어 구문에서도 사용되고 있다. '용두사미가 되다Flash in the pan', '어정쩡한 상태로 뛰어들

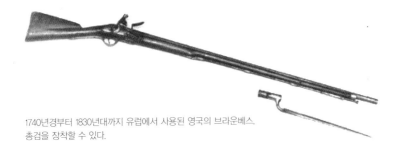

1740년경부터 1830년대까지 유럽에서 사용된 영국의 브라운베스.
총검을 장착할 수 있다.

다Go off half-cocked' '몽땅Lock, stock and barrel' 등이 대표적인 예이다. '용두사미가 되다'는 부싯돌이 프리즌에 부딪혔지만 머스킷이 발사되지 않은 상태를 뜻하고, '어정쩡한 상태로 뛰어들다'는 공이치기를 반쯤 올린 상태에서 발사하는 상황을 가리킨다. '몽땅'은 방아쇠, 개머리판, 총열 등 부싯돌식 머스킷을 구성하는 세 부분이 모두 갖추어져 있다는 의미에서 유래한 말이다.

19세기에 들어서는 머스킷의 대량생산이 시도되었다. 특히 미국에서는 교환 가능한 부품을 사용해 소총을 대량으로 생산하는 방식이 채택되었다. 미국의 경우에는 유럽에 비해 상대적으로 숙련된 노동자들이 부족했고 이를 해결하기 위한 대책으로 조병창의 기술자들이 부품의 호환성에 주목했던 것이다. 이러한 생산방식은 머스킷에서 시작된 후 라이플을 거쳐 시계와 재봉틀을 제작하는 데에도 널리 사용되었다. 이 방식은 1854년에 영국 사람들에 의해 '미국식 생산체계American System of Manufacturing'로 명명되었다.

19세기에 하퍼스 페리 조병창에서 소총 제작에 사용된 기계장치

라이플의 등장과 계속되는 혁신

|

　　머스킷이 구식 소총에 해당한다면 오늘날의 소총을 지칭하는 용어는 라이플이다. 라이플의 내부에는 나선형의 강선rifling이 파여 있지만 머스킷에는 강선이 없다. 이 때문에 라이플은 강선식 소총, 머스킷은 활강식 소총으로 불리기도 한다. 또한 머스킷과 초기의 라이플은 전장식前裝式(총신의 앞쪽에서 탄환을 장전하는 방식)을 취하고 있었던 반면, 19세기 중엽 이후의 라이플은 후장식後裝式(총신의 뒤쪽에서 탄환을 장전하는 방식)을 채택하고 있다. 이에 따라 라이플을 강선식과 후장식을 겸비한 총기에 국한시키는 경우도 있다. 그러나 이런 구분이 반드시 명확한 것은 아닌데, 예를 들어 18세기 후반에 사용된 라이플머스킷 rifle-musket은 전장식이면서 강선을 갖춘 총기를 의미했다.

　　라이플이 정착하는 데에는 두 가지 기술혁신이 크게 기여했다. 첫째는 1836년에 독일의 발명가인 요한 폰 드라이제Johann von Dreyse가 설계한 바늘총needle gun이다. 이런 이름이 붙은 이유는 격발 시 탄환의 뇌관을 때리는 장치가 뾰쪽한 바늘 모양이었기 때문이다. 바늘총은 후장식을 채택하고 있어서 장전 속도가 매우 빨랐고 총을 오래 쏘아도 화약 찌꺼기가 총구를 막지 않았다. 1866년의 쾨니히그레츠 전투 (자도바 전투)에서 바늘총으로 무장한 프로이센 군은 전장식 소총을 들고 나온 오스트리아 군을 대파했다. 당시 프로이센 군은 바늘총 덕분에 엎드린 자세로 장전이 가능했던 반면, 오스트리아 군은 여전히 직립 자세로 전투에 임할 수밖에 없었다.

　　두 번째 혁신은 프랑스 장교 클로드 미니에Claude-Étienne Minié가 1847

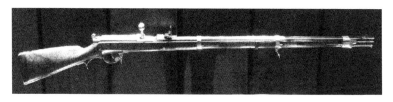
드라이제 바늘총의 1865년 모델

년에 발명한 새로운 탄환이다. 미니에 탄환은 원래 전장식 소총에 사용할 목적으로 개발되었지만, 나중에는 모든 소총에 적용되었다. 이 탄환은 직경이 총열의 구경보다 약간 작아서 총구를 통한 장전이 수월했다. 또한 격발 시 텅 비어 있는 탄환의 밑부분이 화약의 압력을 받아 팽창하면서 총열의 내부 표면에 탄환이 정확하게 들어맞았다. 미니에 탄환은 크리미아 전쟁(1853~1856년)을 통해 그 진가를 입증했고, 그 후 유럽 각국은 미니에 탄환을 자국 군대의 표준 탄환으로 채택했다.

20세기에 들어 소총은 자동화 국면에 접어들었다. 제식 소총으로 선택된 최초의 반자동 소총은 M1인데, 캐나다 출신의 미국 엔지니어 존 개런드John Garand가 이에 대한 특허를 받았다. M1 개런드 소총은 한 발을 발사하고 나면 새로운 탄환이 탄창에 투입되어 곧바로 다음 발사를 할 수 있도록 설계되었다.[15] 제2차 세계대전부터는 방아쇠를 당기고 있는 동안 장전과 발사가 계속되는 자동소총도 등장했다. 자동소총의 예로는 독일의 휴고 슈마이저Hugo Schmeisser가 설계한 MP44 혹은 StG44, 러시아의 미하일 칼라시니코프Mikhail Kalashnikov가 개발한 AK-47, 미국의 유진 스토너Eugene Stoner가 개발한 AR-15 혹은 M16 등을 들 수 있다. 우리나라에서는 한국전쟁을 계기로 M1 소총이, 베트남전쟁을 계기로 M16 소총이 널리 보급되었다.

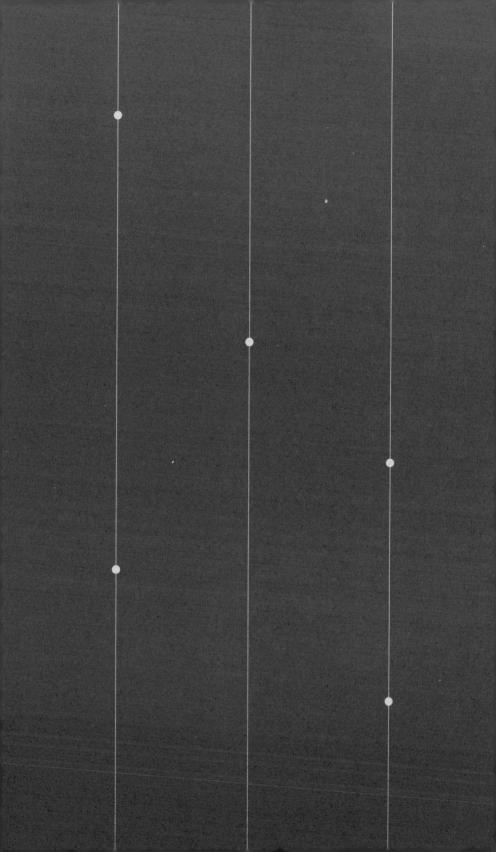

코크스
제철법

cokes

철공업을 일으킨 다비 가문

소재를 기준으로 인류의 역사를 구분하면 지금도 철기시대라고 할 수 있다. 영국의 다비 가문은 철강 제조공정 중 제선 부문의 골격을 만드는 데 크게 기여했다. 다비 1세는 1709년에 코크스 제철법을 개발하고 이에 적합한 용광로를 제작했다. 다비 2세는 1735년에 코크스 제철법으로 선철을 대량으로 생산하는 데 성공했고, 다비 3세는 1779년에 세계 최초의 철교인 아이언브리지를 건설했다. 코크스 제철법 덕분에 영국의 철공업은 급속히 발전했으며, 영국은 '세계의 공장'이라는 지위를 확고히 할 수 있었다.

★

일반적으로 인류 문명의 역사는 어떤 소재가 주로 사용되었나를 기준으로 구분되고 있다. 석기시대, 청동기시대, 철기시대가 그것이다. 오늘날에는 매우 다양한 소재들이 사용되고 있지만, 아직도 철에 의존하는 비중이 제일 높다. 지금도 철기시대라 할 수 있는 것이다. 철이 널리 사용되는 이유는 지구상에서 네 번째로 많은 원소이자 비교적 저렴한 비용으로 가공할 수 있기 때문이다.

철은 어떻게 만들어지는가

자연 상태의 철을 실제로 활용하기 위해서는 다양한 공정이 필요하다. 그것은 철광석, 유연탄, 석회석 등의 원료를 사용하여 선철銑鐵 pig iron을 생산하는 제선 부문, 선철 혹은 고철에서 강철鋼鐵 steel을 만드는 제강 부문, 선철이나 강철을 가공하여 최종 제품을 생산하는 압연 부문으로 구분할 수 있다. 우리에게 익숙한 철강iron and steel이란 용어는 선철의 '철'과 강철의 '강'을 합친 것이다. 오늘날의 철강 산업은 제선, 제강, 압연의 세 부문을 한 지역에 통합시킨 일관제철소 integrated steel mill가 주도하고 있다.[16]

제선 부문의 핵심적인 설비는 용광로blast furnace이다. 용광로는 제철소의 상징이며 심장에 비유된다. 용광로의 외부는 철로, 내부는 특수

에이브러햄 다비가 제작한 용광로의
개념도

내화물로 만들어져 있다. 오늘날의 용광로는 100미터 내외로 높기 때문에 고로高爐로 불린다.

용광로로 선철을 만들기 전에는 다음의 두 공정을 거쳐야 한다. 첫 번째 공정은 소결燒結 공정이다. 소결 공정은 철광석의 품질을 고르게 하면서 가공하기 쉬운 덩어리 형태로 만드는 공정이다. 철광석을 잘게 부숴 응축시키면 가루 상태의 분광석이 만들어진다. 그것을 석회석 및 코크스coke 가루와 혼합하여 처리하면 일정한 크기의 소결광이 된다.

두 번째 공정은 코크스 제조 공정이다. 유연탄을 밀폐된 가마에서 섭씨 1,000~1,300도의 고열로 가열하면 코크스가 만들어진다. 유연탄을 나무에 비유한다면 코크스는 숯에 비유될 수 있다. 코크스는 용광로에서 철광석을 녹이는 역할을 할 뿐 아니라 철광석에서 철을 분리시키는 역할도 한다.

이렇게 만들어진 소결광과 코크스는 원료와 함께 용광로의 꼭대기로 장입된다. 용광로에 섭씨 1,200도의 뜨거운 바람을 불어넣으면

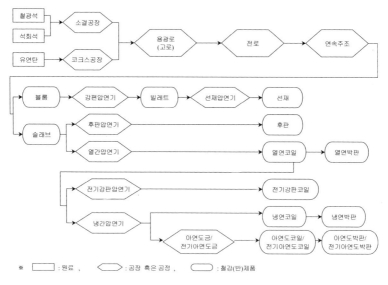

포항제철소의 생산 공정에 대한 개요도

코크스가 타면서 발생한 열에 의해 소결광이 녹는다. 동시에 코크스에서 나오는 일산화탄소(CO)가 소결광과 환원반응을 일으킨다. 이러한 반응을 충분히 거치면 액체 상태의 선철에 해당하는 용선溶銑, liquid metal이 생산된다. '선철pig iron'이란 용어는 거대한 용광로에서 좁은 통로로 쇳물이 빠져나가는 모습이 마치 새끼 돼지가 젖을 빠는 것과 닮았다고 해서 붙여졌다.

이와 같은 제선 부문의 기본적인 골격이 갖추어지는 데에는 18세기 영국에서 철공업을 선도했던 다비 가문의 역할이 컸다.

목탄에서 석탄으로 제철 원료의 변화

|

에이브러햄 다비Abraham Darby는 7년의 도제 생활을 마친 후 1699년부터 브리스틀의 퀘이커 공동체에 일했다.[17] 처음에는 맥주 만드는 일을 했지만 1702년부터는 황동 공장을 운영했다. 당시에 황동으로 만든 컵이나 숟가락은 고급 생활용품으로 주목받고 있었다. 1704년에 다비는 당시 금속가공기술의 선진국이었던 네덜란드로 가서 새로운 사실을 알게 되었다. 영국에서는 진흙이나 양토로 주형을 만드는 전통적인 방법을 따르고 있었는데, 네덜란드에서는 모래로 주형을 만들고 있었던 것이다.

영국으로 돌아온 다비는 네덜란드에서 터득한 방식을 완성하기 위해 다양한 종류의 모래로 엄격한 실험을 했다. 그 결과 1708년에 새로운 황동 제조법에 대한 특허를 따낼 수 있었다. 그런데 특허를 준비하면서 다비는 또 다른 깨달음을 얻었다. 황동을 만드는 방식을 철에도 활용할 수 있겠다는 것이었다. 그는 브리스틀에서 투자자를 모으려 했지만 별다른 반응을 이끌어내지 못했다.

다비는 제철업에 투신하기로 결심한 후 콜브룩데일로 이주했다. 그곳에서 모래 주형을 이용해 철을 주조하는 방식으로 큰 성공을 거두었다. 그러나 성공은 또 다른 문제를 낳았다. 당시에 철을 만들 때 사용한 원료는 목탄(炭)이었는데, 다비의 성공으로 목탄이 크게 부족해졌던 것이다. 1년도 지나지 않아 세번 강 주변에 있는 숲이 사라지는 사태가 빚어지기도 했다.

목탄의 대안은 석탄이었다. 사실상 영국의 주된 연료는 17~18세기를 지나며 목탄에서 석탄으로 바뀌었다. 16세기 이후에 영국에서는 인구가 빠른 속도로 증가하면서 경작지와 주거지가 크게 확대되었고 그 때문에 목재의 수급에 상당한 불균형이 발생했다. 1530년부터 1630년까지 100년 동안 목재 가격이 다섯 배 이상 오를 정도였다. 목재가 부족해지면서 석탄이 해로운 성분을 내뿜고 지저분하다는 편견도 사라지기 시작했다. 1550년 17만 톤에 불과했던 영국의 석탄 생산량은 1700년에 250만 톤을 기록했고 1750년에는 400만 톤으로 폭증했다.

당시 많은 기술자들은 제철의 원료로 목탄 대신에 석탄을 사용하는 방법을 연구했다. 특히 영국의 경우에는 다른 국가에 비해 탄광이 풍부했기 때문에 석탄 제철법은 강력한 대안이 될 수 있었다. 그러나 철을 용융할 때 황과 같은 불순물이 섞여 들어가는 것이 문제였다. 황이 들어가면 철의 품질이 나빠져 부러지기 쉬웠던 것이다.

다비가 발견한 해답은 코크스였다. 코크스는 고열의 오븐에서 석탄을 구워 황과 같은 불순물을 충분히 제거함으로써 얻어졌다. 다비에게는 다행스럽게도 콜브룩데일 인근의 탄광에서 나오는 석탄은 유난히 황 성분이 적었다. 그는 반년에 걸친 실험을 통해 1709년에 코크스 제철법을 개발하는 데 성공했다. 이와 함께 철광석과 코크스가 오랫동안 접촉할 수 있도록 적절한 크기의 용광로를 제작했다.

다비가 콜브룩데일에서 주물로 제작한 요리용 단지(1708년)

코크스 제철법에 삼대가 헌신한 가문

|

그러나 코크스 제철법이 확산되는 데에는 많은 세월이 필요했다. 영국의 경제사학자인 토마스 애쉬턴Thomas S. Ashton은 다음과 같은 네 가지 이유를 들었다. 첫째, 퀘이커교도인 다비는 선전을 싫어하고 비밀을 지키려는 성격을 가지고 있었다. 둘째, 초기의 코크스 제철법은 기술적으로 완전하지 않아 이를 활용하기 위해서는 상당한 시행착오를 거쳐야 했다. 셋째, 코크스 제철에 사용된 저유황 석탄은 콜브룩데일 근처에서 생산되었고 다른 제철업자들이 접근하기가 어려웠다. 넷째, 초기의 코크스 선철은 주로 얇은 주철을 만드는 데 사용되었고 단철로 가공하는 데에는 적합하지 않았다.

에이브러햄 다비의 코크스 제철법은 나중에 그의 아들과 손자가 대폭 개선했다. 다비 2세는 1735년에 코크스 제철법을 활용하여 선철을 대량으로 생산하는 데 성공했다. 당시에 그는 물방아로 가동되

콜브룩데일 철 박물관에 설치된 다비의 용광로

는 송풍기의 성능을 강화했고, 용광로를 가동할 때 석회석을 첨가하여 철의 품질을 향상시켰다. 이어 다비 3세는 제임스 와트James Watt의 증기기관을 채용하여 콜브룩데일 공장을 영국에서 가장 큰 제철소로 만들었다. 이처럼 다비 2세와 3세는 코크스 제철법을 널리 알리고 확산하는 데 크게 기여했다.

다비 가문의 노력을 배경으로 콜브룩데일은 산업혁명의 중심지로 성장했다. 수많은 용광로가 생겼고, 석탄과 철광석이 채광되었으며, 운하망이 등장했다. 기술자들과 노동자들은 콜브룩데일로 모여들었고 집, 학교, 교회, 은행 등이 세워지면서 콜포트Coalport라는 마을이 형성되었다. 이 마을은 소란한 장소를 뜻하는 '베드람Bedlam'이라는 별명이 붙었다.

세계 최초의 철교, 아이언브리지

코크스 제철법으로 선철이 대량으로 생산되면서 또 다른 문제가 생겼다. 폭증하는 물동량을 적절히 소화하는 것이 문제였다. 당시에는 세번 강에 다리가 없어서 모든 물동량을 배로 운반해야 했다. 이에 다리를 건설하자는 요구가 봇물처럼 터져 나왔다. 하지만 다리를 놓더라도 이전처럼 나무나 돌로 만들기는 곤란했다. 그런 다리로는 무거운 철을 운반할 수 없었던 것이다.

마침 영국의 유명한 건축가인 토머스 프리처드Thomas F. Pritchard가 철로 다리를 만들자는 제안을 내놓았다. 철로 배도 만드는데 다리를

'산업혁명의 스톤헨지'라는 별칭을 가진
아이언브리지.

못 만들겠느냐는 것이 그의 생각이었다. 다비 3세는 프리처드의 아이
디어를 실현하기로 마음먹었다. 철로 다리를 만드는 것은 일석이조의
효과가 있을 것이다. 다비 제철소가 직면한 물동량의 문제를 해결하
는 것은 물론 철의 용도가 무궁무진하다는 점을 보여줄 수 있었던 것
이다.

다비 3세는 당시의 유명한 기술자이자 기업가인 존 윌킨슨John
Wilkinson과 함께 세계 최초의 철교인 아이언브리지Iron Bridge를 건설했
다. 아이언브리지는 길이가 42.7미터(철제 부분은 30.6미터)나 되는 대형
교량으로, 기계는 물론 교량에도 철이 사용될 수 있다는 점을 증명해
보였다. 1779년에 완공된 아이언브리지는 1950년대까지 실제로 사
용된 후 지금도 원래 모습대로 보존되어 있으며, 1968년에는 아이언
브리지 계곡이 유네스코 세계유산에 등재되었다.

기술혁신의 선순환이 만든 산업혁명

18세기 후반에 코크스 제철법이 확산되면서 영국의 철공업은 상당한 구조적 변화를 경험했다. 1750년부터 1790년 사이에 코크스 용광로는 3개에서 81개로 늘어난 반면 목탄 용광로는 71개에서 5개로 줄어들었고, 선철의 총생산량에서 코크스 선철이 차지하는 비중은 5퍼센트에서 86퍼센트로 크게 증가했다. 제철소의 입지도 석탄의 공급이 원활한 지역으로 바뀌었고, 1800년경에는 제철소의 약 4분의 3이 탄광 지역에 입지하는 양상을 보였다.

코크스 제철법을 통해 영국의 철공업은 급속도로 발전했다. 영국의 철 생산량은 1740년 1만 7,000톤에 불과했던 것이 1778년의 6만 8,000톤, 1806년의 25만 8,000톤을 거쳐 1839년에는 124만 8,000톤으로 늘어났다. 이어 1852년에는 영국이 전 세계 철 생산량의 절반에 해당하는 270만 1,000톤의 철을 생산했다. 영국은 면제품에 이어 철을 수출함으로써 '세계의 공장'이라는 지위를 확고히 할 수 있었다.

산업혁명을 계기로 각 분야의 기술혁신은 밀접하게 연관되면서 서

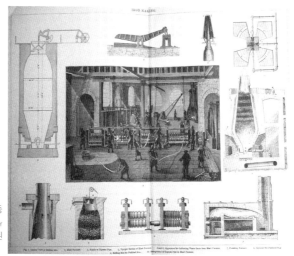

1894년에 발간된 『대중용 백과사전The Popular Encyclopedia』에 묘사된 제선 공정

로를 강화하기 시작했다. 예를 들어 증기기관을 만들기 위해서는 우수한 철이 필요했고, 역으로 용광로에 뜨거운 바람을 불어넣는 데에는 증기기관이 활용되었다. 또한 철도가 건설되면서 철광석의 수송 비용이 낮아졌고 이에 따라 철의 생산 비용도 낮아졌다. 그것은 다시 저렴한 철도를 가능하게 했으며 수송 비용을 더욱 낮추는 결과를 가져왔다. 산업혁명이 '혁명적' 효과를 낼 수 있었던 이유도 기술혁신의 상호연관성 혹은 시너지 효과에서 찾을 수 있다.

우리나라에서는 1918년 황해도 송림에 세운 겸이포제철소가 처음으로 도입된 근대식 용광로이다. 미쓰비시三菱합자회사가 건설한 이 제철소는 150톤 규모의 고로 2기를 보유했다. 남한 지역에서는 1943년에 사이센齋川제철회사가 강원도 삼척에 20톤 규모의 용광로 2기를 건설했다. 1945년을 기준으로 우리나라의 선철 생산량은 총 16만 6,900톤이었는데, 그중 80퍼센트에 넘는 13만 8,997톤이 북한 지역에서 생산되었다. 우리나라의 철강 산업은 1973년 포항제철소에서 103만 톤 규모의 고로가 완공된 것을 계기로 본격적으로 발전하기 시작했다.

비누

soap

**르블랑 공법에 의한
인공소다의 혁신**

인류가 비누를 사용해온 역사는 매우 길지만
오랫동안 비누는 상류층만 사용하는 사치품에
지나지 않았다. 이러한 한계를 깬 사람은 18세기
프랑스 화학자 르블랑이었다. 그는 과학아카데미가
내걸었던 세탁용 소다 개발 공모에 응해 1789년
세계 최초로 인공소다를 만드는 방법을 개발했다.
르블랑 공법은 19세기 전반에 세탁용 소다를
생산하는 유일한 방법으로 비누의 대중화와 공중
보건의 향상에 크게 기여했다. 그 후 1863년에는
솔베이 공법이 등장하여 르블랑 공법을 대체하기
시작했다.

★

비누는 때를 씻어내는 데 쓰는 세정제로 "더러움을 날려 보낸다"는 뜻의 비루飛陋가 그 어원이라고 한다. 인류가 비누를 사용해온 역사는 매우 길지만 오랫동안 비누는 상류층만 사용하는 사치품에 지나지 않았다. 비누가 대중화되는 데에는 세계 최초로 인공소다 제조법을 개발한 프랑스 과학자 니콜라 르블랑Nicolas Leblanc의 역할이 컸다.

기름과 재의 놀라운 만남

비누는 기원전 2800년경에 바빌로니아인들이 처음 만든 것으로 전해진다. 바빌론의 유물을 발굴하는 현장에서 비누와 유사한 재료가 담긴 원통이 발견되었는데, 진흙으로 만든 이 원통의 측면에 기름과 재를 섞어 비누를 만들었다는 기록이 남아 있었다. 인류가 고기를 불에 구워 먹기 시작하면서 기름과 재가 만날 기회가 많아졌고, 그것이 비누의 탄생으로 이어진 것이다.

고대 로마인들은 사포Sapo라는 언덕에 재단을 만든 뒤 양을 태워서 신에게 제사를 지내는 풍습을 가지고 있었다. 제사가 끝난 후 청소를 맡은 사람이 타고 남은 재를 집으로 가져와 물통에 집어넣었고, 이 물통에서 걸레를 빨던 그의 아내는 때가 쏙 빠지는 것을 발견했다. 물통에 던져진 재 안에 양이 타면서 녹은 기름이 배어 있었기 때문이다.

비누를 사용하는 여성의 모습을 그린 이집트
의 고분 벽화

이후 로마인들은 이러한 기름재를 사포라고 불렀고, 그것이 오늘날
'솝soap'의 어원이 되었다고 한다. 대플리니우스는 『자연사』에서 비
누(사포)에 대해 다음과 같이 썼다.

> 비누는 갈리아 인들이 만들어냈다. 그들은 비누를 사용해 윤기가 도는 붉
> 은색 머릿결을 유지한다. 그만큼 비누는 유용한 것이다. 비누는 동물의 기
> 름과 재로 만든다. 특히 염소의 기름과 너도밤나무의 재가 비누의 재료로
> 가장 좋다. 비누에는 두 종류가 있는데, 하나는 액체 비누이고, 또 하나는
> 고체 비누다. 게르마니아 인들은 여성보다 오히려 남성이 비누를 더 많이
> 사용한다.

중세에 들어서는 기름과 재를 섞는 방법 이외에 새로운 비누 제조
법이 시도되기도 했다. 8세기에 사보나를 비롯한 지중해 연안의 지역에
서 올리브와 해초 기름을 사용해 비누를 생산하기 시작한 것이다. 이
어 12세기에는 잿물 대신에 천연소다(탄산나트륨의 속칭)를 사용하여 새
하얀 비누를 만드는 방법이 개발되기도 했다. 그러나 올리브나 천연

소다는 매우 귀한 것이었고, 여전히 비누 대중화의 길은 멀기만 했다.

세탁용 소다에 걸린 거액의 상금

르블랑은 파리외과대학교를 졸업한 후 의사로 활동하다가 화학자로 전향한 이력을 가지고 있다. 그가 살던 18세기 후반의 프랑스에서는 화학 열풍이 불고 있었다. 앙투안 라부아지에Antoine Lavoisier의 새로운 화학이 "프랑스 과학"으로 불릴 정도였다. 르블랑은 당시의 유명한 화학자인 장 다세Jean Darcet 밑에서 화학을 공부했는데, 다세는 오를레앙 공작Duke of Orléans의 후원을 받고 있었다. 1780년에 르블랑은 오를레앙 공작의 상임 외과의사가 되면서 화학 연구에 몰두하기 시작했다. 5년 뒤에 오를레앙 공작이 세상을 떠나자 그의 아들이 공작의 자리를 물려받았고, 르블랑은 과학 실험실을 맡게 되었다.

르블랑은 화학을 통해 부와 명예를 얻으려는 야심이 있었다. 그는 1781년 프랑스 과학아카데미에 결정의 성장에 대한 논문을 보고하면서 화학자로서의 경력을 쌓기 시작했다. 곧이어 파리에서 7.5미터의 높이로 쌓아둔 석탄더미가 폭발하는 사고가 일어나자 르블랑은 석탄의 자연발생적인 연소를 방지하는 방법을 연구하기도 했다.

과학아카데미는 논란이 되거나 해결이 안 되는 문제가 있을 때 공개 경쟁의 형태로 해결책을 찾는 전통을 가지고 있었다. 1775년에 과학아카데미는 소금(염화나트륨)으로 세탁용 소다(탄산나트륨)를 만드는 최선의 방법을 찾는 사람에게 1만 2,000리브르의 상금을 준다는 공모를 내걸었다. 오늘날의 가치로 따지면 약 6억 원에 해당하는 거액이었다. 당시 루이 16세는 프랑스 섬유산업을 발전시키고 국민의 위생 상태를 개선하려는 목적으로 세탁용 소다에 많은 관심을 가지고 있었다.[18]

르블랑 공법의 탄생

1775년의 공모 과제에 대한 답은 10년이 지나도록 감감 무소식이었고, 급기야 세탁용 소다는 '흰색 금white gold'이라는 별명까지 얻게 된다. 르블랑이 이 과제에 도전한 것은 42세 때인 1784년이었다. 세탁용 소다를 만드는 첫 번째 단계는 어렵지 않게 짐작할 수 있었다. 그는 염화나트륨에 당시에 쉽게 구할 수 있던 황산을 섞어 황산나트륨과 염화수소(염산)를 만들었다($2NaCl + H_2SO_4 \rightarrow Na_2SO_4 + 2HCl$). 염화나트륨은 매우 안정된 물질이지만 황산나트륨은 반응성이 뛰어나기 때문에 탄산나트륨으로 가는 중간 단계의 물질로 사용할 수 있었다.

문제는 황산나트륨에서 탄산나트륨으로 가는 두 번째 단계였다. 르블랑은 철을 만드는 사람들이 목탄으로 탄소를 공급한 것에 주목해 황산나트륨을 목탄으로 가열하는 실험을 했다. 그러나 탄산나트륨은 만들어지지 않았고, 그는 5년에 걸쳐 온갖 시도를 거듭했다. 그러던 중 우연한 기회에 목탄과 함께 석회석($CaCO_3$)을 첨가하여 황산나트륨으로 검은 재black ash를 만들었는데, 그 재에 탄산나트륨이 함유되어 있었다($Na_2SO_4 + CaCO_3 + 2C \rightarrow Na_2CO_3 + CaS + 2CO_2$). 이른바 르블랑 공법Leblanc process이 탄생하는 순간이었다. 흥미롭게도 르블랑을 포함한

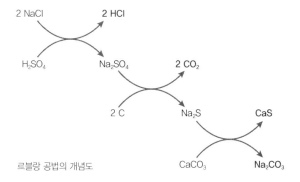

르블랑 공법의 개념도

당시의 과학자들은 석회석이나 탄산나트륨과 같은 물질의 화학적 분자식도 알지 못했다.

1789년 르블랑은 장 다세에게 자신의 놀라운 발명을 전했다. 실험을 통해 르블랑의 발명을 재차 확인한 다세는 다음과 같이 자신 있게 선언했다. "프랑스왕립대학교와 과학아카데미의 교수인 서명자는 … 이것과 똑같은 공법으로 쉽게 공장을 세울 수 있다고 보증합니다." 르블랑은 1790년에 오를레앙 공작의 지원을 받아 파리 외곽의 생드니에 인공소다를 생산하는 공장을 차리고 "르블랑의 소다 공장"이라는 간판을 내걸었다. 이어 1791년에 프랑스 정부는 르블랑 공법에 특허를 부여했다.

혁명의 소용돌이에서 모든 것을 잃은 르블랑

당시에 프랑스는 혁명의 소용돌이에 휩싸여 있었다. 르블랑은 '흰색 금'을 만드는 데 성공했지만 구체제가 몰락하는 바람에 1만

2,000리브르의 상금을 받지 못했다. 1793년에는 오를레앙 공작이 처형당하면서 르블랑의 공장도 몰수되었다. 급기야 공안위원회는 르블랑에게 "진정한 공화주의자라면 인공소다 제조법을 공개하라"고 요구했다. 결국 르블랑은 자신의 상금과 공장, 특허를 모두 잃고 말았다.

르블랑은 혁명 기간과 나폴레옹 집권기 내내 수많은 관료들에게 자신의 처지를 호소하는 편지를 썼다. 르블랑은 1800년에 자신의 공장을 되찾았지만 완전히 가동시키지는 못했고 그 밖의 재산상의 권리는 모두 기각되었다. 결국 르블랑은 1806년에 머리에 총을 쏴 자살하고 말았다. 그로부터 50년이 지난 1856년에 과학아카데미는 "르블랑만큼 프랑스 산업에 큰 기여를 하고서도 제대로 보상을 받지 못한 사람은 없다"고 결론지었다.

19세기 전반 50년 동안 인공소다를 생산하는 유일한 방법이었던 르블랑 공법은 당시의 비누, 섬유, 유리, 제지 산업이 발전하는 데 크게 기여했다. 사실상 19세기 후반에 인공염료가 개발될 때까지 르블랑 공법은 화학공업과 동의어로 통했다. 르블랑 이전에는 소규모 가내 공장에서 옛날의 비법에 따라 화학물질을 만들어 판매했지만, 르

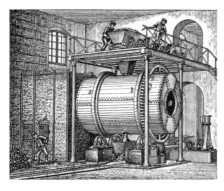

19세기 초에 르블랑 공법으로 소다를 생산하는 공장의 모습

블랑 이후에는 화학물질이 대규모 기계 공장에서 생산되어 전 세계적으로 거래되었다. 당시 유명한 독일의 화학자인 유스투스 폰 리비히 Justus von Liebig는 "한 국가가 소비하는 비누의 양은 그 문명의 척도"라고 말하기도 했다.

비누의 대중화 시대가 열리다

르블랑 공법은 생산되는 소다만큼이나 많은 오염 물질을 만들어냈다. 1톤의 소다가 만들어질 때마다 염화수소 기체 0.75톤이 대기 중으로 방출되었고, 염화수소는 염산으로 변해 산과 들판을 오염시켰다. 공장 주위에는 수만 톤의 황 화합물이 쌓였으며, 수로로 쏟아져 들어간 염산은 달걀 썩는 고약한 냄새를 퍼뜨렸다. 이른바 '르블랑 오염Leblanc pollution'이라는 문제가 대두된 것이다.[19]

르블랑 공장에서 일하는 노동자들의 건강 상태도 좋지 않았다. 노동자들은 염화수소 기체가 구름처럼 피어오르는 공장 속에서 화학물질이 든 통을 휘저었다. 그들의 치아는 부식되었고 옷은 누더기가 되었다. 염화수소 기체를 깊이 들이마셔 정신을 잃거나 토하는 경우도 적지 않았다. 급기야 르블랑 오염이 사람의 목숨도 앗아가기 시작하자 소다 제조업자들은 이를 해결하기 위한 방안을 찾기 시작했다. 염화수소 기체를 밀봉해서 수송하는 방법이 고안되기도 했고, 굴뚝을 높이 세워 유독 기체를 멀리 날려 보내는 방법도 사용되었다.

차츰 르블랑 오염의 문제가 해결되기 시작하면서 비누는 대중화

시대에 진입했다. 비누 덕분에 사람들은 규칙적으로 몸을 씻기 시작했고, 세탁 가능한 옷을 입을 수 있었다. 비누가 당시 공중 보건의 주요 문제였던 옴(개선충이 피부에 기생하여 생기는 병)을 예방했다는 점도 주목할 만하다. 영국 정부가 1853년에 비누에 부과했던 세금을 폐지하면서 비누 가격이 대폭 하락하자 수백 년 만에 처음으로 옴 환자가 급격히 줄어들었던 것이다. 미국에서는 남북전쟁 때 나이팅게일의 위생법이 채택되어 병사들의 감염 위험이 크게 낮아지기도 했다.

1863년에는 벨기에의 공업화학자 에르네스트 솔베이Ernest Solvay가 소금과 석회석으로부터 오염 물질을 생성하지 않고 소다를 만드는 방법을 개발했다. 일명 '암모니아 소다법'으로 불리는 솔베이 공법Solvay process은 황산 대신에 암모니아 화합물을 매개 물질로 사용하는 방법이었다. 그 후로 르블랑 공장은 속속 문을 닫기 시작해 1918년에 완전히 자취를 감추었다. 한편 암모니아 소다법으로 엄청난 돈을 벌어들인 솔베이는 생전에 자신의 모든 재산을 자선사업에 기부했다. 20세기 물리학과 화학의 발전에 크게 기여한 국제 학회인 솔베이 회의 Solvay Conference도 그의 기부금 덕분에 시작될 수 있었다.

1927년에 개최된 제5차 솔베이 회의 때 찍은 사진. 20세기 물리학을 이끈 플랑크, 마리 퀴리, 로렌츠, 디랙, 아인슈타인, 슈뢰딩거, 파울리, 보어 등이 모두 모여 있다. 참석자 29명 중 17명이 노벨상 수상자이고, 여성으로는 마리 퀴리가 유일하다.

통조림

can

**생물이 진화하듯
기술도 진화한다**

통조림의 역사는 기술의 진화 과정을 잘 보여준다.
1804년에 아페르는 병조림을 고안하여 나폴레옹의
승리에 크게 기여했다. 1810년에 듀란드는 양철로
된 통조림 용기를 만들었으며, 1812년에는 세계
최초의 통조림 공장이 세워졌다. 그 후 다양한
캔 따개가 출현하면서 통조림이 일상생활에
급속히 편입되기 시작했고, 통조림의 내용물도
식품에서 음료로 확장되었다. 통조림의 진화는
계속되어 1935년에는 캔 맥주가 제조되었으며,
1959년에는 원터치 캔이 발명되었다.

★

마트나 편의점에 가면 온갖 통조림들이 즐비하게 늘어선 모습을 쉽게 볼 수 있다. 여행이나 캠핑 때는 물론 일상적으로 통조림은 요긴하게 쓰인다. 식품을 가공해 금속제의 깡통에 넣어 밀봉한 통조림. 이러한 방식의 식품 보존 용기는 왜 만들어졌고 언제부터 이용된 것일까? 통조림과 같이 간단해 보이는 상품도 그 개발 과정을 좇다보면 숱한 사연을 만날 수 있다. 통조림의 역사는 생물이 진화하듯 기술도 진화한다는 점을 잘 보여준다.

전쟁에서의 필요 때문에 탄생한 병조림
|

"내 사전에 불가능은 없다"는 말로 유명한 나폴레옹은 온 유럽을 휘젓고 다니며 전쟁을 치렀다. 전쟁이 계속되자 음식물을 장기간 보존할 수 있는 방법이 필요해졌다. 병사들이 음식을 제때 공급받지 못해 굶주리거나 신선한 음식이 부족해 괴혈병에 걸리는 일이 많았기 때문이다. "배고픈 군대가 전쟁에서 승리할 수 없다"는 말처럼 음식은 전쟁의 승패에 결정적인 영향을 미쳤다.

1804년 프랑스 산업장려협회는 음식물의 보존 방법에 대한 공모를 내걸었다. 상금은 1만 2,000프랑으로 은 54킬로그램에 해당하는 금액이었다. 프랑스 전역에서 이름 있는 식품업자들이 너도나도 응모했

는데, 그중에서 선택된 것은 니콜라 아페르Nicolas Appert가 제안한 병조림canning jar이었다. 입구가 넓은 병에 푹 삶은 고기와 야채를 넣고 병 채로 가열한 다음 코르크 마개로 뚜껑을 덮어 입구를 밀봉한 것이다. 이 발명으로 훗날 아페르는 '통조림의 아버지'라는 칭호를 얻게 된다.[20] 또한 특허를 받지 않고 식품 보존법을 공개하면서 그는 '인류의 은인'이라는 찬사를 받기도 한다.

1809년 「쿠리에 드 뢰로프」라는 신문은 아페르의 병조림에 대해 다음과 같이 보도했다.

아페르 씨는 계절을 붙잡아두는 방법을 발견했다. 정원사가 악천후의 계절을 견디기 위해 유리 돔 아래에서 연약한 식물을 보호하듯이, 아페르는 병 안에 봄과 여름, 가을을 살아있게 만들었다.

아페르의 병조림은 나폴레옹의 승리에 크게 기여했다. 취사에 필요한 시간이 절약된 것은 물론 조리 기구를 들고 다닐 필요도 없어진 덕분에 부대의 행군 속도를 최대한 끌어 올릴 수 있었다. 음식물의 장기간 보존이 가능해지면서 보급 체계의 부담도 그만큼 줄었다. 병조림이 유리로 만들어져 파손의 위험이 있기는 했지만 다른 장점에 비하면 사소한 문제일 뿐이었다.

홍차 보관 통에서 착안한 주석 깡통

|

복잡한 기술이 아니었던 병조림은 모방이 쉬웠다. 특히 영국은 프랑스의 병조림을 살펴본 후 단순한 모방을 넘어 이를 능가하는 식품 보존법을 개발하는 데 열을 올렸다. 관건은 병조림보다 가볍고 튼튼한 보존 용기를 개발하는 것이었다. 영국 정부는 각종 과학 단체와 기술자 협회에 식품 보존법의 개발에 협조해달라는 공문을 보냈다. 이에 화답한 사람은 런던 출신의 평범한 기계공인 피터 듀란드Peter Durand였다.

듀란드는 1810년에 세계 최초의 금속제 통조림 용기인 주석 깡통 tin canister으로 특허를 받았다. 그는 홍차를 보관하는 통인 캐니스터 canister에서 착안해 통조림 용기 개발에 도전했는데, 이때 캐니스터는

1898년 통조림이 만들어지는 광경을 묘사한 그림

오늘날 캔의 어원에 해당한다. 듀란드는 철이 가진 단점을 보완하는 과정에서 주석에 주목했다. 철은 산화되는 성질을 가지고 있어서 철로 깡통을 만들면 음식물이 변질되는 문제가 있었던 것이다. 결국 그는 양철(안팎에 주석을 입힌 얇은 철판)을 서로 연결한 후 접합 부위를 납땜으로 밀봉해서 통조림 용기를 만드는 데 성공했다.[21]

듀란드는 1812년에 1,000파운드를 받고 주석 깡통에 대한 특허를 브라이언 돈킨Bryan Donkin과 존 홀John Hall에게 팔았다. 돈킨과 홀은 템스 강 인근의 버몬지에 세계 최초의 통조림 공장을 세웠다. 초기의 통조림은 주로 군대에 납품되었지만, 점차 일반인을 위한 통조림도 제조되기 시작했다. 당시에는 유명 인사들 사이에서 통조림을 맛보는 것이 유행처럼 번졌는데, 그중에는 영국군 총사령관을 거쳐 총리를 지낸 웰링턴 공작Duke of Wellington도 있었다.

내용물을 어떻게 꺼낼 것인가

19세기 전반만 해도 보존 용기에만 관심이 집중되었고, 용기에서 음식물을 꺼내는 문제는 간과되었다. "끌과 망치로 윗부분을 둥글게 자르시오."라는 사용법이 적혀 있긴 했지만, 통조림을 따는 것은 쉬운 일이 아니었다. 서양인이 즐겨 먹는 정어리 통조림의 경우에는 더욱 그러했다. 통조림을 따려면 뾰족한 도구로 찔러야 했는데, 그렇게 하면 정어리가 부스러지기 일쑤였다. 전쟁터에서는 총으로 통을 쏴서 통조림을 여는 일도 있었다.

이러한 배경에서 등장한 것이 바로 캔 따개can opener였다. 식탁용 기구와 의료용 기구를 제작하던 영국의 로버트 이츠Robert Yeates는 1855년에 갈고리 형태의 따개claw-shaped opener를 내놓았다. 1858년에는 미국의 발명가인 에즈라 워너Ezra J. Warner가 캔 따개로 세계 최초의 특허를 받았다. 끝 부분은 총검, 가운데는 낫처럼 생긴 날을 깡통의 가장자리에 대고 누르며 사용하도록 되어 있었다. 워너의 캔 따개는 1861년부터 4년에 걸쳐 전개된 남북전쟁에서 북군의 식량을 제공하는 데 요긴하게 사용되었다. 1870년에는 미국의 헨리 라이먼Henry Lyman이 작은 바퀴 모양의 칼날을 부착한 따개를 새롭게 고안해 깡통의 가장자리 부분을 쉽게 자를 수 있도록 했다. 갈고리 모양에 이어 칼날 모양의 캔 따개가 등장한 것이다.

내용물을 꺼내는 방법이 간편해지면서 통조림은 일상생활에 급속히 편입되기 시작했다. 내용물도 식품에서 음료로 확장되었다. 초창기 음료수 캔은 식품 통조림과 똑같이 생겼는데, 적당히 구멍을 뚫어 음료수를 따라 마셨다. 그러다 음료수 캔이 등장하면서 그에 적합한 따개도 등장했다. 교회의 뾰족 탑과 비슷한 모양의 처치키 오프너

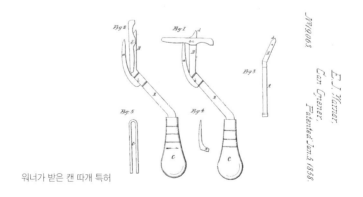

워너가 받은 캔 따개 특허

캔 따개의 진화. 왼쪽부터 갈고리 형태의 오프너, 처치키 오프너, 벙커 오프너, 버터플라이 오프너.

church key opener였다. 1892년경에 처음 등장한 처치키 오프너는 1900년경부터 본격적으로 사용되었다.

통조림의 진화는 어디까지

통조림의 진화는 계속되었다. 1925년에는 미국의 스타캔오프너회사Star Can Opener Company가 회전식 캔 따개를 시도했다. 깡통의 가장자리에 따개를 끼우고 톱니바퀴 모양의 칼날로 깡통의 둥근 가장자리를 돌려가면서 따는 방식이었다. 이 방식은 1931년에 벙커클랜시회사Bunker Clancey Company가 개량해 '벙커 오프너bunker opener'라는 이름으로 널리 확산되었다. 곧이어 벙커 오프너와 처치키 오프너를 결합한 버터플라이 오프너butterfly opener도 등장했다.

1935년에는 역사상 최초의 캔 맥주가 모습을 드러냈다. 고트프리트크뤼거 양조장Gottfried Krüger Brauerei에서 출시한 크뤼거 맥주였다. 크뤼거 맥주는 선풍적인 인기를 끌었지만 철로 만든 맥주 캔은 녹이 스는 문제점이 있었다. 녹슬지 않는 알루미늄 캔은 1958년에 만들어졌으며 이듬해에 쿠어스양조회사Coors Brewing Company가 맥주를 알루미늄 캔에 담아 판매하기 시작했다.

캔 맥주의 시작을 알린 크뤼거 맥주(왼쪽)
과, 세계적인 통조림업체인 캠벨Campbell
이 1921년에 내놓은 콩 통조림 광고(오른
쪽)

　20세기 후반에는 원터치 캔도 등장했다. 1959년에 에멀 프레이즈 Ermal Fraze는 별도의 따개 없이 캔 뚜껑을 열 수 있는 팝탑 캔Pop-Top-Can 을 고안했다. 뚜껑에 부착된 고리를 표시된 방향으로 살짝 잡아당기면 손쉽게 뚜껑이 열리는 획기적인 방식이었다. 1975년에는 대니얼 커직Daniel F. Cudzik이 마개 고리를 따로 분리해 버릴 필요가 없이 내입 처리하는 방식을 선보임으로써 오늘날 캔 뚜껑에 가장 근접한 형태를 제시했다.

　우리나라의 경우에는 한국전쟁을 계기로 군 납품용 통조림이 제조되었고, 1960년대 이후에는 민수용 통조림이 본격적으로 생산되었다. 통조림의 내용물은 황도와 꽁치에서 양송이와 깻잎을 거쳐 참치와 육류 등으로 다변화되었다. 이와 함께 캔 따개도 갈고리 형태, 칼날 타입, 회전식 등에서 원터치 캔으로 진화했다. 1980년대의 꽁치 통조림만 해도 주로 칼날 타입의 따개로 뚜껑을 열었지만, 1990년대 이후의 참치 통조림에서는 원터치 캔이 사용되기 시작했다. 최근에는 얇은 알루미늄 호일을 벗겨내는 방식의 좀 더 안전한 제품이 출시되는 등 통조림 기술의 진보는 지금도 계속되고 있다.

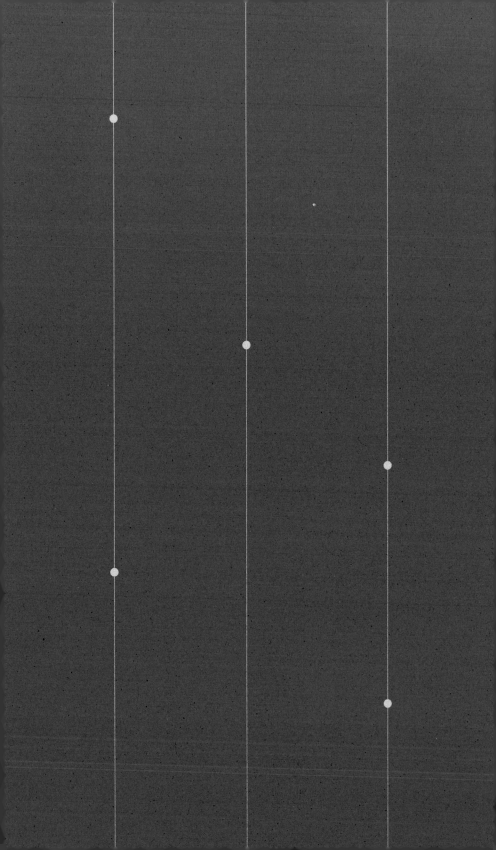

도로

road

**과학적이고 경제적인
근대식 도로의 탄생**

도로 건설은 로마제국 시절에 활발했다가 오랫동안 중단되었다. 그 후 18세기 영국에서 유로도로가 광범위하게 건설되기 시작하면서 몇몇 도로 포장법이 제안되었지만, 여전히 많은 비용이 소요되었다. 과학성과 경제성을 겸비한 도로포장법은 1815년경에 매캐덤이 개발했고, 이를 통해 전국적 차원의 도로망 확충이 추진되었다. 매개덤 공법 덕분에 영국의 도로망은 1830년에 3만 킬로미터를 훌쩍 넘어섰고, 미국에서는 남북전쟁 직전까지 5,000킬로미터의 도로가 건설되었다.

★

효과적인 산업화에는 운송 혁명transportation revolution이 선행 혹은 병행되는 경향이 있다. 교통수단이 근대화되고 수송 능력이 발달하면서 자원의 효율적 이용과 시장의 확대가 가능해지기 때문이다. 우리나라가 산업화를 추진하는 과정에서 경부고속도로를 건설했다는 점도 이러한 맥락에서 이해할 수 있다. 서양의 경우에는 산업혁명이 전개되는 동안 도로의 성능을 개선하기 위한 다양한 기술이 개발되었다. 여기에는 영국의 기술자이자 사업가인 존 매캐덤John Loudon McAdam의 역할이 컸다.

모든 길은 로마로 통한다

도로에 본격적으로 관심을 기울였던 최초의 국가는 로마제국이었다. 로마제국은 방대한 지역을 효과적으로 통치하기 위해 도로 건설에 많은 노력을 기울였다. 로마식 도로는 도로 가운데에 커다란 돌을 평평하게 깔고 양쪽에 배수로를 설치하는 방식으로 건설되었다. 로마에서 사방으로 뻗어간 간선도로는 9만 킬로미터나 되었고, 간선도로에 연결된 다른 도로를 합치면 무려 30만 킬로미터에 이르렀다고 한다. 그것은 지구를 일곱 바퀴 반이나 돌 수 있는 거리에 상당했다. 이 때문에 "모든 길은 로마로 통한다"는 말도 생겨났다. 로마식

폼페이에 남아 있는 로마식 도로

도로는 지금도 그 일부가 사용되고 있을 만큼 견고했다.[22]

하지만 이 도로가 로마제국에 유리하게만 작용한 것은 아니었다. 엄청난 규모의 도로를 건설한 로마제국은 도로 유지비가 늘어나는 바람에 만성적인 재정난에 빠졌다. 이는 로마제국의 군사력이 약화되는 중요한 배경으로 작용했다. 또한 주변 국가의 입장에서는 도로가 완비되어 있어서 로마의 주요 도시를 공격하기가 쉬웠다. 로마제국에게 도로는 번영의 상징이자 쇠퇴의 원인이라는 양면성을 지니고 있었던 것이다.

로마 시대에 전성기를 맞이했던 도로는 이후에 쇠퇴의 길을 걸었다. 중세에 접어들면서 신규 도로의 건설은 거의 중단되었고, 기존의 도로도 관리되지 않은 채 방치되고 말았다. 중세는 세속적 학문은 물론 도로 건설에서도 암흑기였던 것이다. 그러다 16세기에 들어서면서 마차 교통이 조금씩 발달하기 시작했고, 이러한 변화는 도로망의 정비에 대한 관심으로 이어졌다.

유료도로의 건설

16세기만 해도 유럽에서 도로 사정이 가장 열악했던 곳은 영국이었다. 당시에 런던에서 옥스퍼드로 가는 길은 3일이나 소요되었고 수많은 위험도 감수해야 했다. 영국 정부는 도로 개선의 필요성을 절감하고 1555년, 1562년, 1586년에 도로법을 잇달아 제정했다. 교구가 주민들에게 강제적으로 도로 부역을 부과할 수 있도록 한 것이다. 이를 통해 도로 사정이 조금 나아지긴 했지만, 교구 밖의 도로는 그대로 방치되었다. 게다가 교구는 도로 표면의 보수에만 책임을 졌고, 새로운 도로의 건설에는 전혀 신경을 쓰지 않았다.

도로망 정비의 새로운 지평을 연 것은 유료도로였다. 영국은 1663년에 처음으로 유료도로법을 제정하여 치안판사에게 도로통행료를 부과할 수 있는 권한을 주었다. 도로 이용자들에게 통행료를 부과해 도로를 정비하거나 건설하는 데 사용하자는 것이었다. 18세기에 들어와 민간 트러스트의 주도로 본격적으로 건설되기 시작한 영국의 유료도로는 1750년에 약 5,500킬로미터에 이르렀다. 1784년에는 존 파머John Palmer의 노력을 바탕으로 역사상 최초로 런던과 리버풀 사이에 우편마차제도가 도입되기도 했다.

18세기 후반 영국에서 마차가 유료도로를 달리는 모습

도로 기술의 선구자들

도로 건설이 양적으로 확대되면서 도로의 질적 수준을 높이려는 노력도 전개되었다. 수많은 기술자들이 보다 우수한 도로를 개발하는 데 기여했는데, 그 가운데서도 프랑스의 피에르 트레사게Pierre Trésaguet는 1760년대에 근대식 포장도로의 기초를 닦았다. 그는 당시에 파리에서 도로를 건설하면서 로마식 도로를 개량한 기법을 선보였다. 도로에 돌을 평평하게 깔고 망치로 두드려 기초를 다진 후 그 위에 약 17센티미터 두께의 큰 돌을 깔고 다시 약 8센티미터 두께의 작은 돌을 까는 방식이었다.

비슷한 시기에 영국의 맹인 기술자인 존 메트칼프John Metcalf도 새로운 도로포장법을 제안했다. 큰 돌로 기초를 다지고 작은 돌조각으로 빈틈을 메운 다음, 도로 표면보다 낮게 판 도랑으로 배수가 잘 되도록 볼록한 면cambered surface을 설치하는 방식이었다. 메트칼프는 1765년부터 32년에 걸쳐 진행된 요크셔와 랭커셔 사이의 도로 공사를 감독하면서 자신의 공법을 적용했다.

도로포장법은 19세기에 들어와 더욱 개선되었는데, 텔퍼드 공법이 그 대표적인 예이다. 토머스 텔퍼드Thomas Telford는 영국의 유명한 토목 기술자로 도로 및 교량 위원회의 위원으로 활동하면서 영국 전역에 수

텔퍼드는 산업혁명 시기를 살았던 대표적인 기술자로 1818년 영국에서 창설된 토목공학회 Institution of Civil Engineers의 초대 회장을 지냈다.

많은 도로와 교량을 건설했다. 그는 직경 6.3센티미터를 넘지 않는 돌 조각으로 기초를 다지고 그 위를 진흙으로 덮은 후 통행하는 무게로 도로가 단단히 굳어지면 최종적으로 그 위에 약 3.8센티미터의 자갈을 까는 방식을 고안했다. 텔퍼드 공법은 기술적 수준이 매우 높았지만, 비용이 많이 소요된다는 문제점이 있었다.

과학과 경제를 겸비한 매캐덤 공법

|

근대식 도로 포장법은 매캐덤에 의해 일단락되었다. 그는 1804년에 브리스틀 시의 도로 감독관이 되었는데, 이 지역은 에이브러헴 다비Abraham Darby의 제철법으로 크게 성장한 도시였다. 매캐덤은 브리스틀 시에 도로를 건설하기 전에 약 6년 동안 영국 전역의 도로를 답사하면서 각 도로의 문제점을 꼼꼼하게 조사했다. 그 결과 1815년경에 매우 간편하면서도 효과적인 도로 포장법을 개발할 수 있었다. 이를 바탕으로 매캐덤은 1816년과 1819년에 각각 「도로 건설 시스템의 현황에 대한 논평」과 「도로의 과학적 보수와 보존에 관한 실제적 논고」를 발간했다.

매캐덤 공법은 크게 두 가지 단계로 구성된다. 큰 돌덩어리와 작은 돌조각으로 기초를 다지는 것이 첫 번째 단계이고, 그 위를 다시 균일한 자길로 덮는 것이 두 번째 단계이다. 첫 번째 단계는 메트칼프 공법과 유사한 것으로 자연 상태의 돌을 활용할 수 있다는 점에서 경제적인 도로 건설을 보장한다. 두 번째 단계는 교통량에 의한 압력으로 도로를 다지는 과정인데 텔퍼드 공법과 유사하지만 진흙을 별도로 덮는 공정은 생략되었다.

매캐덤은 새로운 도로 포장법을 제안하면서 도로와 재료의 규격에도 많은 주의를 기울였다. 그는 폭이 3미터 정도인 마차 바퀴가 도로를 안전하게 달릴 수 있도록 도로의 폭은 5.5미터, 볼록한 면의 높이는 약 90센티미터로 설정했다. 또한 상단부 자갈의 무게는 170그램, 폭은 5센티미터로 제한했는데, 이것은 바퀴의 틈새에 자갈이 끼이지 않고 마차가 고속으로 주행할 수 있도록 한 조치였다. 이처럼 매캐덤 공법은 과학성과 경제성을 겸비한 도로포장법이었다.

매캐덤은 1819년에 열린 영국 의회의 청문회에서 자신의 도로포장법이 지닌 장점을 역설했다. 당시에는 도로 건설을 놓고 잡음이 끊이지 않았는데, 그는 자신의 공법을 사용하면 매우 경제적으로 도로를 건설할 수 있다고 주장했다. 1823년 영국 의회는 매캐덤 공법을 공식적으로 채택했고, 매캐덤은 1827년에 영국 도로국의 총감독이 되어 전국적인 도로망을 정비하는 데 큰 힘을 보탰다. 일생 동안 70여 개의

1823년 미국에서 매캐덤 공법으로 도로를 건설하는 광경. 도로 부근의 노동자들이 도로 상층부에 사용할 자갈을 만들고 있다.

유료도로의 건설에 관여한 매캐덤은 이를 통해 엄청난 통행료 수입을 거둘 수 있었다. 당시로서는 유료도로가 황금알을 낳는 거위였던 것이다.

매캐덤 도로의 확장과 보완

|

매캐덤 덕분에 영국의 도로 수송 능력은 크게 개선되었다. 1750년에 5,500킬로미터였던 도로의 연장 거리는 1830년에 3만 5,000킬로미터 이상으로 크게 늘었다. 여행에 소요되는 시간은 80퍼센트 이상 줄어들었다. 런던과 옥스퍼드는 2일에서 6시간으로, 런던과 맨체스터는 3일에서 18시간으로, 런던과 에든버러는 10~12일에서 45시간으로 단축되었다. 이를 배경으로 영국의 역마차 여행자 수는 1835년에 100만 명을 돌파했다. 역마차 수송업이 발달하면서 우편마차제도도 자리를 잡았다. 물건을 직접 들고 다니는 행상을 대신해 견본만 휴대한 순회판매원이 출현한 것도 당시의 새로운 풍속이었다.

영국보다 도로에 더욱 열광한 국가는 미국이었다. 1807년 미국 상원은 재무부 장관 앨버트 갤러틴Albert Gallatin에게 미국의 수송 시스템을 획기적으로 개선할 수 있는 계획을 요청했고, 갤러틴은 이듬해에 「공공 도로와 운하 문제에 관한 보고서」를 제출했다. 이를 바탕으로 1815년에 미국의 동부와 서부를 잇는 국유 도로national road가 건설되기 시작했는데, 이 도로는 오늘날 미국 40번 국도의 근간을 이루고 있다. 미국 최초의 국도는 메릴랜드 주의 컴벌랜드에서 출발해 1818년

1926년 미국에서 증기 롤러를 사용해 매캐덤 도로를 포장하는 모습

에 버지니아 주의 휠링에 도달했고 1833년에는 오하이오 주 콜럼버스에 이르렀다. 남북전쟁 직전에 미국에는 5,000킬로미터에 달하는 도로가 건설되었는데, 당시에 채택된 도로포장법은 다름 아닌 매캐덤 공법이었다.[23]

매캐덤 공법이 세계적으로 확산되면서 macadamize(머캐더마이즈)가 '도로에 자갈을 깔다' 혹은 '도로를 포장하다'를 의미하는 단어로 등장했다. 1860년대에 도로 표면을 다지는 데 증기 롤러가 사용된 것을 제외하면 19세기 내내 도로건설 기술에는 큰 변화가 없었다. 20세기에 들어서는 고무 타이어를 장착한 자동차가 확산되면서 도로 표면의 미끄럼을 방지하기 위해 아스팔트나 타르로 포장하는 방식이 자리를 잡게 되었다. 흥미롭게도 타르를 살포하여 도로를 포장하는 것을 뜻하는 단어도 tar macadam(타르 매캐덤)이다. 이처럼 오늘날의 도로 기술에도 매캐덤의 흔적은 여전히 남아 있다.

청진기

stethoscope

**의사와 환자의
관계를 바꾼 기술**

환자의 가슴에 귀를 대고 듣는 직접 청진법은
오래전부터 사용되었던 진료 방식이다. 1761년에
아우엔브루거는 환자의 가슴을 두드려 진찰하는
타진법을 처음 제안했다. 라에네크는 1816년에
젊고 뚱뚱한 여성 환자를 진찰하다가 종이를 둘둘
말아서 한쪽 귀를 대고 듣는 간접 청진법을 시도한
후, 1819년에 속이 빈 나무 관으로 청진기를
만들었다. 이어 1829년에는 가늘고 휘어진 모양의
청진기, 1852년에는 두 귀로 들을 수 있는 청진기가
고안되었다. 청진기를 비롯한 진단 장치의 등장으로
의사와 환자의 관계는 더 간접적인 성격이 되었다.

오늘날 의사를 상징하는 대표적인 의료 기구로는 청진기를 들 수 있다.[24] 청진기를 뜻하는 stethoscope라는 용어는 그리스어로 '가슴'을 뜻하는 stethos와 '본다'는 뜻의 skopos를 합친 것이다. 청진기는 폐와 심장은 물론 장이나 혈관이 운동하면서 생기는 소리를 듣기 위해 사용된다. 청진기는 1816년 프랑스의 의사인 르네 라에네크René Laennec 가 발명했는데, 이 발명 과정에도 숨은 사연이 있다.

귀를 대고 듣기에서 두드리기로

청진聽診, auscultation은 히포크라테스 시절부터 의사들이 사용하던 진찰법이다. 옛날의 청진은 직접 청진direct auscultation이었다. 청진기와 같은 중간 매개체 없이 의사가 환자의 가슴에 귀를 대고 폐나 심장에서 나는 소리를 직접 들었던 것이다. 하지만 비만한 환자는 청진이 어려웠고, 여성 환자의 경우에는 프라이버시를 침해할 우려도 높았다. 그뿐 아니라 불결한 환자를 청진하면 의사에게 기생충이 옮겨질 위

청진기를 개발하여 근대적 진단법을 개척한 르네 라에네크

험도 있었다.

그래서 직접 청진의 대안으로 등장한 것이 타진打診, percussion이었다. 타진은 환자의 신체를 두드려서 진찰하는 방법이다. 가슴, 등, 관절 따위를 두드릴 때 나는 소리나 보이는 반응으로 병의 증세를 살피는 것이다. 타진은 1761년에 오스트리아의 외과 의사인 레오폴드 아우엔브루거Leopold Auenbrugger가 『새로운 발명Inventum Novum』을 통해 처음 선보였다. 그가 타진법을 발명한 것은 여관업을 했던 부친의 영향이 컸다고 한다. 어려서부터 부친이 술통을 두드려 통 안에 술이 얼마나 남았는지 확인하는 모습을 눈여겨본 것이다.

파리의 샤리테 병원에서 내과 의사로 근무하던 코르비사르 데마레 Jean-Nicolas Corvisart-Desmarets는 아우엔브루거의 타진법에 관심이 많았다. 당시 약 20년 동안 타진법을 진료에 활용한 그는 아우엔브루거

타진에 대한 최초의 책인 아우엔브루거의 『새로운 발명』

의 책을 번역하면서 일부 내용을 고쳐서 출간하기도 했다. 코르비사르는 환자에 대한 진찰 소견에서 놀라울 정도로 정확하게 해부학적 변화를 예측하는 실력을 보였다. 이와 함께 그는 내과와 외과의 통합이 바람직하며, 병원을 교육에 활용해야 한다는 신념을 가지고 있었다. 코르비사르는 환자를 진찰하거나 시신을 부검하면서 타진 이론을 열심히 설명했고, 그의 회진에는 학생들이 구름 같이 몰려들었다.

풍만한 가슴을 가진 여성 환자

|

　라에네크는 아버지가 법률가이고 삼촌이 의사인 부유한 집안에서 태어났다. 아버지는 아들이 법학을 전공하길 바랐지만, 라에네크는 삼촌을 따라 의학도의 길을 걸었다. 라에네크는 낭트 의과대학교에서 공부한 후 1801년에 코르비사르가 근무하는 샤리테 병원에 합류했다. 1802년에는 복막염에 관한 우수한 논문을 발표했고, 1803년에는 내과와 외과에서 모두 1등상을 받았으며, 1804년에는 히포크라테스에 관한 논문으로 박사 학위를 받았다.

　이러한 학문적 성취에도 불구하고 라에네크는 스승과 사이가 좋지 않았다. 코르비사르가 혁명을 옹호했던 반면, 라에네크는 왕정복고를 지지했기 때문이었다. 라에네크는 샤리테 병원에서 정식 일자리를 구하지도 못했다. 그는 오랫동안 개인적으로 찾아오는 환자의 진료비로 생계를 꾸려가면서 어렵게 병리해부학에 대한 연구를 이어갔다. 라에네크는 1816년에 되어서야 네케르 병원에서 공식적인 자리를 얻었다.

　그해 9월 4일, 심장이 좋지 않은 뚱뚱한 젊은 여인이 라에네크를 찾아왔다. 처음에 라에네크는 그 환자의 진찰을 포기하려 했다. 너무 뚱뚱해서 손으로 타진하는 검사로는 적절한 결과를 얻을 수 없겠다는 판단 때문이었다. 그렇다고 젊은 여인의 가슴에 귀를 갖다 대는 것도 민망한 일이었다. 궁여지책으로 라에네크는 종이를 둘둘 말아 한쪽 귀에 대고, 다른 쪽 끝을 환자의 가슴에 대보았다. 그 순간 환자의 심장 소리가 라에네크의 귀에 또렷하게 들렸다.

　당시의 상황에 대해 라에네크는 1819년 8월에 발간한『간접 청진에 관하여De l'Auscultation Médiate』에서 다음과 같이 썼다.

> 1816년의 일이다. 나에게 심장병 증세를 보인 젊은 여성이 왔다. 너무 비대해서 타진이나 촉진으로는 아무것도 알 수가 없었다. 가슴에 귀를 직접 대고 들어보는 청진법은 환자가 젊은 여성이므로 좋지 않았다. 나는 당시의 음향학에서 잘 알려진 사실을 상기해내고 이를 적용하면 도움이 되리라고 생각했다. 단단한 물체의 한쪽 끝을 귀에 대고 다른 한쪽을 가볍게 두드리면 놀랄 만큼 큰 소리로 들린다는 사실이다. 그래서 나는 곁에 있던 종이를 둘둘 말아서 한쪽 끝을 환자의 가슴에 대고 다른 쪽을 귀에 대보았다. 뜻밖에도 직접 청진법으로 들었던 것보다 훨씬 똑똑하게 들렸다. 그 후로 심장뿐 아니라 가슴과 장기의 움직임으로 생기는 소리를 모두 들을 수 있을 것이라 생각하게 되었다.

임상과 병리의 상호 연관성

그 사건을 겪은 직후에 라에네크는 제대로 된 청진기를 만드는 일에 몰입했다. 최초의 청진기는 공책을 단단하게 말아 원통을 만든 후 풀 먹인 종이와 실로 양끝을 봉한 것이었다. 라에네크는 처음에 그 기구를 '원통cylinder'이라고 부르다가 얼마 지나지 않아 '청진기'라는 용어를 사용했다. 그리고 청진기와 같은 중간 매개체를 활용하여 환자를 진찰하는 방법을 '간접 청진mediate auscultation'으로 명명했다. 라에네크는 이후에도 몇몇 실험을 통해 청진기를 개량하고 표준화하는 작업을 추진했다. 그 결과 1819년에 길이 25센티미터, 지름 2.5센티미터의 속이 빈 나무 관으로 된 청진기를 만들었다.

라에네크는 청진기를 활용하여 환자를 진찰한 후 그 결과를 자세히 기록했다. 그는 3년이 채 안 되는 기간 동안 폐, 심장, 늑막에 관련된 주요 질병들을 매우 정확하게 기술하는 성과를 거두었으며, 신체 기관들이 내는 소리나 그 변화를 듣고 여러 질병을 구별할 수 있게 되었다. 라에네크는 자신이 들은 소리를 묘사하는 단어도 만들었다. 수포음rale, 마찰음crepitation, 잡음murmurs, 흉성pectoriloquy, 기관지성bronchophony, 양영음egophony 등이 그것이었다. 1819년에 『간접 청진에 관하여』가 발간되면서 그의 명성은 확고해졌다. 라에네크는 콜라주드 프랑스의 교수가 되었고, 궁정 의사의 직위를 받았으며, 그의 뒤에는 항상 수많은 학생들이 따랐다.

이러한 활동을 통해 라에네크는 임상과 병리의 상호 연관성을 밝

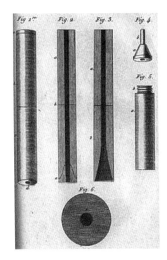

라에네크의 『간접 청진에 관하여』에
실려 있는 청진기의 설계도

라에네크의 첫 청진기로 나무와 놋쇠로 만들어졌다.

네케르 병원에서 학생들이 지켜보는 가
운데 환자를 청진하는 라에네크

히고자 했다. 이에 대하여 그는 다음과 같이 썼다. "나는 병을 진단하
는 데 있어 내부 조직의 병변이 차지하는 위상을 외과적 질병과 동일
선상에 올려놓으려고 했다." 라에네크는 스승인 코르비사르의 뒤를
이어 내과와 외과를 통합하고자 했던 셈이다. 이처럼 두 사람이 추구
하는 의학의 모습은 동일했지만, 이를 달성하기 위해 사용한 방법은
달랐다. 코르비사르가 타진법에 의존했던 반면, 라에네크는 청진기를
주로 활용했다.

청진기의 확산과 그 의미

청진기는 단기간에 대중화된 최초의 진단 기구로 평가된다. 그
러나 모든 사람들이 처음부터 청진기에 호의적이지는 않았다. 어떤
환자들은 청진기를 보기만 해도 겁을 먹었다. 청진기를 사용하는 것

을 수술이 임박했다는 표시로 믿었기 때문이었다. 몇몇 내과 의사들도 청진기의 사용에 반대했다. 청진기를 사용하게 되면 단순한 기능공으로 취급받던 외과 의사로 오인될 소지가 있다는 것이었다. 심지어 "귀가 잘 들리는 의사라면 당연히 귀를 사용해야지, 청진기 사용이 웬 말인가?"라고 비아냥거리는 의사도 있었다. 이에 대해 라에네크는 다음과 같이 말했다. "청진기를 거부하는 것은 거리에 쌓인 오물 사이를 발끝으로 지나가는 재주를 잃을 것이 두려워 파리 거리를 질주하는 이륜마차에 올라타기를 거부하는 것과 마찬가지이다."[25]

청진기는 여러 상황에 대응하면서 다양한 형태로 진화했다. 1829년 영국의 의사 니콜라스 코민스Nicholas Comins는 초기의 굵고 일직선으로 된 원통 형태의 청진기와는 다른, 가늘고 휘어진 모양의 청진기flexible stethoscope를 선보였다. 또한 기존의 청진기는 귀에 대는 부분이 한쪽밖에 없었지만, 1852년에 미국의 내과 의사 조지 캐먼George Cammann은 두 귀로 들을 수 있는 청진기binaural stethoscope를 고안했다. 캐먼의 청진기는 종 모양의 체스트 피스(환자의 신체와 접촉하는 부분)와 양쪽 귀에 끼울 수 있도록 두 개로 갈라진 튜브로 구성되어 있었다. 이어 1870년대에는 청진기에 소리를 증폭하기 위한 마이크가 추가되었고, 최근에는 청진기와 컴퓨터를 무선으로 연동하는 시도가 이루어졌다.

『테크노폴리』의 저자 닐 포스트먼은 청진기 때문에 소위 "객관적인" 의사들이 탄생함으로써 "의학이 연민을 상실했다"고 평가한 바 있다. 포스트먼에 따르면 라에네크의 청진기는 의학에 대한 두 가지 믿음을 조장했다. 첫째는 의학이 환자에 관한 것이 아니라 질병에 관한 것이라는 믿음이다. 둘째는 환자가 가진 지식은 믿을 수 없는 반

면, 기계가 보여주는 정보는 믿을 만하다는 것이었다.[26]

20세기에 들어서면서 다양한 진단 장치가 속속 등장했다. X선, 컴퓨터단층촬영computerized tomography, CT, 자기공명영상magnetic resonance imaging, MRI이 대표적인 예이다. 이와 같은 진단 장치를 배경으로 의학은 기술에 크게 의존하게 되었고, 의사와 환자의 관계는 더욱 간접적인 성격을 띠게 되었다. 이에 대해 의학이 인간을 도외시하고 데이터만 다룬다는 비판이나 의사와 환자의 관계가 점점 멀어지고 있다는 비판도 제기되고 있다.

계산기

caculator

**컴퓨터의 원형과
최초의 프로그래머**

인류 역사상 최초의 계산기는 중국에서 널리
사용된 주판이었다. 서양에서는 17세기부터
새로운 계산 도구들이 개발되었는데, 곱셈표와
계산자를 필두로 다양한 기계식 계산기가
속속 등장했다. 이보다 더욱 우수한 계산기를
모색한 사람은 '컴퓨터의 아버지'로 평가되는
배비지였다. 그는 1822년에 차분기관의
모형을, 1830년에는 해석기관의 모형을
만들었는데 해석기관은 오늘날 컴퓨터의
원형에 해당한다. 배비지의 꿈은 생전에
이루어지지 못했고, 1944년에 '하버드 마크 I'
의 개발로 실현될 수 있었다.

요즘의 컴퓨터는 전자회로를 이용해 데이터를 처리하는 기계를 뜻하지만 옛날에는 컴퓨터가 계산을 수행하는 기기, 즉 계산기를 의미했다. 컴퓨터의 어원이 '계산하다compute'에서 비롯되었다는 점을 봐도 알 수 있다. 계산기 혹은 컴퓨터의 역사에서 가장 뚜렷한 발자취를 남긴 인물로는 19세기 영국의 과학자이자 발명가인 찰스 배비지Charles Babbage를 꼽을 수 있다. 그는 차분기관difference engine('미분기'로 번역되기도 한다)과 해석기관analytic engine을 설계하여 오늘날 컴퓨터의 원형을 제시했다.

최초의 계산기, 주판

|

인류 역사상 최초의 계산기는 주판이라고 할 수 있다. 서양에서는 '에버커스Abacus'라는 주판이 로마 시대부터 사용되었는데, 돌멩이가 주판알 노릇을 하는 구조였다. 동양에서는 중국 사람들이 대나무 조각을 줄로 이은 주판을 사용했다. 주판에 칸을 둘로 나누는 가로막대를 도입한 것도 중국이 처음이었다. 주판에 숙달되면 복잡한 계산도 빠른 속도로 할 수 있지만, 계산 과정의 상당 부분은 사람의 머리에 의존해야 했다.

동양이 오랫동안 주판에 의존했던 반면, 서양에서는 17세기부터

새로운 계산 도구들이 개발되기 시작했다. 1617년에는 로그logarithms
의 창시자로 유명한 영국의 수학자 존 네이피어John Napier가 '네이피어
의 막대Napier's bones' 혹은 '네이피어 계산표'로 불리는 장치를 내놓았
다. 나무나 뼈로 만든 아홉 개의 막대에 간단한 곱셈표를 새겨놓은 장
치이다. 각 막대의 위에는 1부터 9까지의 숫자가 적혀 있고, 이들 각
각의 수에 1부터 9까지를 곱한 결과가 그 아래의 정사각형 칸에 적혀
있다.

1620년경에 영국의 수학자이자 목사인 윌리엄 오트레드William Ough-
tred는 계산자slide rule라는 장치를 만들었다. 계산자는 막대 자처럼 생
긴 것으로 그 위에 촘촘한 눈금이 새겨져 있다. 두 개의 자를 미끄러
뜨려 계산하려는 숫자에 맞춘 다음 눈금을 읽어 계산표를 찾아보면
답을 알 수 있는 장치였다. 그러나 계산자는 눈금을 잘못 맞추거나 실
수로 다른 숫자를 읽으면 전혀 엉뚱한 답이 나오는 문제점을 가지고
있었다.[27]

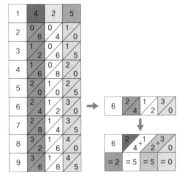

네이피어 계산표와 이를 통해 425×6의 값을
구하는 과정

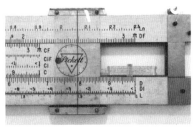

계산자를 확대한 모습. 계산자는 오랫동안 기술자들의
사랑을 받으면서 계속 진화했다.

기계식 계산기의 출현

|

그 후 다양한 형태의 기계식 계산기들이 등장했다. 기계식 계산기를 처음 만든 사람은 독일의 천문학자인 빌헬름 시카르트Wilhelm Schickard였다. 1623년에 만들어진 시카르트의 계산기는 톱니나 피스톤과 같은 기계적 부품으로 구성되었는데, 복잡한 계산을 할수록 뻑뻑해져서 구동이 잘 되지 않는다는 단점이 있었다.

1642년에는 프랑스의 수학자이자 철학자인 블레즈 파스칼Blaise Pascal이 '파스칼린Pascaline'이라는 기계식 계산기를 선보였다. 파스칼린은 상자 안에 0에서 9까지의 숫자가 적힌 원통의 톱니바퀴가 들어 있는 것으로 일종의 덧셈 기계에 해당한다. 한 자리에 있는 바퀴의 숫자가 9를 넘으면 자동적으로 다음 자리의 바퀴가 한 칸 돌아가고 처음 자리는 0으로 돌아가도록 고안되었다. 이후에 만들어진 기계식 계산기들도 모두 이러한 원리를 채택했다.

파스칼린의 단점은 덧셈과 뺄셈만 할 수 있다는 것이었다. 이 문

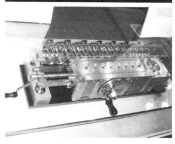

위부터 시카르트, 파스칼, 라이프니츠의 계산기

제를 해결한 사람은 독일의 수학자이자 철학자인 고트프리트 라이프 니츠Gottfried Wilhelm Leibniz였다. 그는 1671년에 파스칼린을 개량하여 곱 셈과 나눗셈도 할 수 있는 계산기를 선보였다. 라이프니츠는 덧셈과 뺄셈을 반복함으로써 곱셈과 나눗셈을 할 수 있도록 여러 겹의 톱니 바퀴를 추가하면서 계산기 전체의 구조를 개선했다.[28]

처음으로 영국 정부 지원을 받은 사례

부유한 은행가의 아들로 태어난 배비지는 케임브리지 대학교 에서 수학을 전공했다. 그는 함수론에 대한 독창적인 논문을 써서 24 세에 왕립학회 회원이 된 천재였다. 배비지는 28세 때인 1820년부터 우수한 계산기를 만드는 작업에 착수했고 2년 후에 차분기관의 모형 을 만들었다. 배비지의 차분기관은 숫자의 차이를 통해 계산 결과를 자동적으로 검산하고 계산과 동시에 인쇄할 수 있도록 고안되었다. 그뿐 아니라 미분방정식과 삼각함수표를 계산할 수 있는 기능도 갖추 었다.

당시 계산의 오차는 학문적 차원뿐 아니라 실용적 차원에서도 심각 한 문제였다. 특히 대영제국의 번영을 위해 중요한 역할을 했던 항해 에서는 정확한 계산이 필수였다. 이를 잘 알고 있던 배비지는 1823년 에 당시 왕립학회의 회장이었던 험프리 데이비Humphry Davy에게 차분기 관의 모형을 헌정했다. 데이비를 통해 영국 정부도 계산기에 관심을 가 지게 되었고 배비지를 지원하기 시작했다. 아마도 영국 정부가 기술개

배비지가 만든 차분기관의 복제품. 1991년에 제작된 후 런던 과학박물관에 전시되어 있다.

발에 자금을 지원한 것은 배비지의 사례가 처음일 것이다.

배비지는 유능한 기술자들을 모아 밤낮을 가리지 않고 열심히 일했지만, 제대로 된 차분기관을 만드는 일은 쉽지 않았다. 당시의 기술적 수준으로는 정교한 기계를 만들기 어려웠던 것이다. 배비지의 완벽주의적 기질도 문제였다. 그는 계산기를 만들기 전에 부품을 매우 정밀하게 설계하는 것을 고집했다. 게다가 계산기 제작에 필요한 도구만 만드는 것이 아니라 그와 관련된 다른 도구도 설계하고 시험하느라 많은 시간을 빼앗겼다. 결국 배비지의 차분기관은 1842년에 일부만 완성되는 것으로 끝나고 말았다. 차분기관의 개발에는 배비지의 돈 6,000파운드와 정부의 지원금 1만 7,000파운드가 소요되었다.

최초의 프로그래머와 나눈 우정

배비지는 차분기관을 개발하면서도 더욱 성능이 우수한 계산기를 구상했다. "하나의 계산이 끝나면 그 결과가 저장되고, 다음 계산에 필요한 공식을 넣어주면 자동적으로 다음 계산을 수행하고, 잘못된 공식이 들어오면 큰 소리로 벨이 울리는 그런 계산기가 없을까?" 그는 이러한 기계에 '해석기관'이라는 이름을 붙였다.

배비지는 1830년에 해석기관의 모형을 만드는 데 성공했다. 그는 계산의 자동화를 위해 프랑스의 기술자인 조제프 자카르Joseph-Marie Jacquard가 직조기에 사용했던 펀치카드를 채택했다. 해석기관은 1분에 60회라는 빠른 속도로 계산을 했을 뿐 아니라 기존의 계산기와 달리 계산 결과를 자동으로 저장하고 명령에 따라 계산 과정을 바꿀 수 있었다.[29]

해석기관은 시대를 너무 앞선 기계였기 때문에 배비지를 이해해주는 사람은 거의 없었다. 그를 진정으로 이해해준 유일한 사람은 23살 연하의 여성인 어거스타 에이다Augusta Ada Byron였다. 배비지는 1832년

에 에이다를 처음 만난 후 그녀가 죽을 때까지 우정을 나누었다. 에이다는 1835년에 러브레이스 백작과 결혼했고, 그래서 에이다 러브레이스Ada Lovelace라는 이름으로 알려져 있다.

오늘날 우리가 배비지의 해석기관에 대해 알 수 있는 것도 에이다 덕분이라고 할 수 있다. 그녀는 이탈리아의 수학자인 루이지 메나브레Luigi Menabrea가 배비지의 해석기관에 대해 쓴

배비지와 평생 동안 우정을 나눈 에이다

논문을 영어로 번역했다. 이때 에이다는 배비지의 권유로 메나브레의 논문에 주석을 추가하는 일을 맡았는데, 주석의 분량이 논문의 두 배가 넘었다. 에이다의 주석은 당시의 많은 과학자들이 깊은 인상을 받을 정도로 매우 뛰어난 것이었다.

해석기관을 향한 꿈

배비지는 1837년에 해석기관의 주요 요소를 입력, 저장, 방앗간mill, 출력으로 체계화했다. 오늘날의 컴퓨터가 입력, 기억, 중앙처리장치, 출력으로 구성되어 있다는 점을 생각해보면, 배비지의 해석기관은 컴퓨터의 기본적인 요소를 모두 갖추었다고 볼 수 있다. 더 나아가 그는 컴퓨터의 두 가지 주요한 기능을 수행할 수 있는 기술적 방안을 고안하기도 했다. 반복 루프(어떤 특별한 조건이 만족될 때까지 같은 과정을 반복하는 프로그램)와 조건 선택(여러 개의 대안 중에서 조건에 따라 하나를 선택할 때 사용하는 명령문)이었다.

당시에 에이다는 해석기관이 어떻게 작동하는지 보여주기 위해 직접 프로그램을 짰다. 이 때문에 그녀는 '세계 최초의 컴퓨터 프로그래머'로 평가되기도 한다. 미국 국방부는 1980년에 새로운 컴퓨터 프로그램의 이름을 'ADA'로 지으면서 그녀의 공적을 기렸고, 영국의 컴퓨터협회도 매년 그녀의 이름으로 메달을 수여하고 있다.

배비지는 생전에 "해석기관은 반드시 미래의 과학이 나아갈 길을 안내할 것이다"라고 예언했다. 미국의 수학자 허먼 홀러리스Herman

해석기관의 일부. 찰스 배비지가
죽은 후에 헨리 배비지Henry Bab-
bage가 아버지의 연구실에서 발
견한 부품을 사용하여 만들었다.

Hollerith는 1880년에 펀치카드를 이용해 통계를 처리하는 기계를 만들
어 인구조사의 결과를 효과적으로 분석하기 시작했고, 1896년에 태
블레이팅머신회사Tabulating Machine Company를 세웠다. 이 회사는 1911년
에 CTRComputing Tabulating Recording Company로 합병되었고, CTR은 1924
년에 IBMInternational Business Machines Corporation으로 이름을 바꾸었다. 이
어 1944년에는 하버드 대학교의 하워드 에이킨Howard Aiken과 IBM의
협동 연구를 바탕으로 '하버드 마크 I'이라는 전기기계식 컴퓨터가 탄
생했다. 배비지의 예언이 적중한 셈이었다.

증기기관차

steam locomotive

**산업혁명의 대미,
경영 혁명의 효시**

기차(증기기관차)는 19세기를 상징하는 인공물로
영국 산업혁명의 대미를 장식했다. 증기기관차의
선구자로는 퀴뇨, 머독, 트레비식 등이 있으며,
상업적으로 활용된 증기기관차를 최초로 만든
사람은 스티븐슨이었다. 스티븐슨은 1829년에
로켓 호를 제작하여 증기기관차의 전형을 제시했고,
1830년에 세계 최초의 장거리 철도인 리버풀 –
맨체스터 철도를 완공했다. 1840년대 이후에 세계
각국은 경쟁적으로 철도를 건설했으며, 철도 산업은
경영 혁명이 이루어지는 매개로 작용했다.

기차汽車는 우리에게 매우 친숙한 육상 교통수단이다. 지금은 기차의 동력으로 디젤엔진이 주로 사용되고 있지만, 20세기 초만 해도 증기기관이 활용되었다. 기차라는 용어도 원래 증기의 힘으로 움직이는 차, 즉 증기기관차를 의미한다. 상업적으로 이용할 수 있는 기차는 영국의 기술자인 조지 스티븐슨George Stephenson이 처음 개발했다. 기차는 영국 산업혁명의 대미를 장식했고 1840년대에 들어서는 세계 각국에 철도 붐을 일으켰다. 기차는 19세기를 상징하는 인공물로 당대의 많은 사람들에게 깊은 인상을 남겼다.[30]

증기기관차의 선구자들

|

증기기관차에 처음 도전한 사람은 프랑스의 군사기술자인 니콜라 퀴뇨Nicolas-Joseph Cugnot로 알려져 있다. 그는 1769년에 증기기관차의 모형을 제작한 후 1770년과 1771년에 바퀴가 세 개인 증기마차 steam wagon를 만들었다. 그러나 퀴뇨의 증기마차는 기껏해야 15분밖에 달리지 못했고, 한 번 달린 후에는 증기가 다시 생길 때까지 엔진을 정지시켜야 했다. 1771년에 만든 두 번째 증기마차는 운행 도중에 병기창의 벽에 부딪혀 산산조각 나고 말았는데, 이를 두고 세계 최초의 자동차 사고라고 부르기도 한다.

영국에서는 제임스 와트James Watt의 조수인 윌리엄 머독William Murdock이 증기기관차에 도전했다. 머독은 1784년에 증기 객차steam carriage의 모형을 만든 후 다음 해에 특허를 받았다. 그는 일과를 마친 후에 자신의 모형으로 길거리에서 실험을 했는데, 이웃 사람들이 깜짝 놀라 항의를 했다고 한다. 와트는 머독이 증기기관을 개량하는 본연의 업무에 소홀히 한다고 걱정했고, 머독은 이를 수용하여 증기기관차에 대한 꿈을 접었다.

누가 나를 따라 잡으랴

실제로 활용할 수 있는 증기기관차를 만드는 데에는 영국의 광산기술자인 리처드 트레비식Richard Trevithick의 공이 컸다. 그는 1801년에 고압 엔진으로 작동하는 증기기관차를 만들어 시험 운전에 성공한 후 다음 해에 특허를 받았다. 트레비식이 만든 증기기관차는 고압의 증기가 빠져나갈 때 나는 소리를 따라 '칙칙폭폭Puffer'으로 불렸다.

트레비식은 1804년에 페니다랜Penydarren 호를 제작했다. 페니다랜 호는 18킬로미터의 선로에서 10톤의 선철과 70명의 승객을 태운 5량의 화차를 달고 시속 9킬로미터로 달렸다. 페니다랜 호는 선로를 실제로 주행한 세계 최초의 증기기관차로 평가받지만 무게가 5톤이 넘어 선로가 파손되는 바람에 정기적으로 운행되지 못했다. 기관사가 승차할 자리가 없어 페니다랜 호 옆을 따라 달려야 한다는 것도 문제였다.

트레비식은 1809년에 캐치미후캔Catch Me Who Can이라는 독특한 이

퀴뇨가 만든 세 바퀴 증기마차

트레비식의 캐치미후캔에 대한 공개실험 장면(1808년). 당시 유럽에서는 과학과 기술에 대한 공개 실험이 성행했다.

름의 증기기관차를 선보였다. 우리말로 번역하면 "누가 나를 따라 잡으랴" 혹은 "나 잡아봐라" 정도에 해당한다. 그는 런던에 '환상 철도'를 부설한 후 많은 관람객들이 지켜보는 가운데 공개적인 실험을 했다. 캐치미후캔의 속도는 시속 19킬로미터까지 올라갔고 관람객들은 탄성을 지르기 시작했다. 그러나 선로가 기차의 무게를 견디지 못하는 바람에 결국 탈선하고 말았다.

기차와 철도의 궁합

철도의 아버지로 불리는 스티븐슨은 1813년부터 증기기관차를 만드는 일에 집중했다. 킬링워스 광산의 소유주가 석탄을 실어 나르기 위해 스티븐슨에게 증기기관차의 제작을 의뢰한 것이다. 스티븐슨의 첫 번째 증기기관차인 블뤼허Blücher 호는 1814년 7월 25일 운행에 성공했다. 석탄을 실은 화차 8량을 달고 시속 6.5킬로미터의 속도로 부두까지 무사히 달렸던 것이다. 이로써 블뤼허 호는 상업적으로 활용된 최초의 증기기관차로 기록되었다.

스티븐슨은 이후에도 꾸준히 증기기관차를 개선해나갔다. 체인을 사용하지 않고 피스톤과 바퀴를 직접 연결시켜 속력을 높였고, 배기 장치를 개선하여 배출되는 가스를 다시 사용할 수 있도록 했다. 그는 기관차를 제작하면서 동시에 튼튼한 선로를 부설하는 데에도 많은 관심을 기울였다. 기관차의 성능이 우수하다 할지라도 선로가 받쳐주지 못하면 무용지물에 불과했기 때문이었다. "남자와 여자처럼 기관차와 선로가 짝을 이루어야 한다"는 것이 그의 생각이었다.

1821년에 스티븐슨은 스톡턴–달링턴 철도 회사로부터 주문을 받았다. 영국 의회가 스톡턴과 달링턴을 연결하는 철도의 건설을 승인하자, 철도 회사가 스티븐슨에게 기관차 제작을 의뢰한 것이다. 스티븐슨은 이 사업에 참여하면서 뉴캐슬에 기관차 공장을 차렸다. 그리고 1825년 9월 27일에 드디어 세계 최초의 여객용 철도 개통식이 거행되었다. 스티븐슨이 제작한 로커모션Locomotion 호는 화차 6량과 객차 28량을 달고 시속 20킬로미터의 속도로 철도를 신나게 달렸다.

철도 건설의 위대한 시대

1824년 스티븐슨은 리버풀과 맨체스터 사이에 철도를 부설하는 작업에 참여해달라는 요청을 받았다. 그런데 이번 일은 순조롭지 않았다. 마차나 운하를 운영하고 있었던 사람들이 기차가 도입되면 자신의 이익이 줄어들 것을 염려하여 철도의 부설을 반대했던 것이다. 그들은 스티븐슨의 작업을 방해하면서 영국 정부에 진정서를 내기도 했다. 반대하는 이유도 가지각색이었다.

"기관차의 연통에서 나오는 독가스가 주변의 가축과 숲 속의 새들을 죽일 것이다." "암소는 더 이상 우유를 생산하지 못할 것이고 암탉도 더 이상 달걀을 낳을 수 없을 것이다." "말들은 더 이상 쓸모없어지고 우편 마차 마부나 인적이 드문 도로의 음식점 주인들은 비렁뱅이 신세로 전락할 것이다." "연통에서 나온 불꽃이 근처 집을 태울 것이고 가마가 터져 승객들이 화상을 입을 것이다." "사람들은 기차의 빠른 속력을 견뎌낼 수 없어서 이성을 잃을 것이다."

이러한 반대로 인해 리버풀-맨체스터 철도는 1826년 5월에야 영국 의회의 승인을 받을 수 있었다. 철도 회사는 기차가 지나가는 것을 환영하는 마을에서만 부지를 사들여 철도의 부설을 진행시켰다. 반대 세력의 방해 공작을 막기 위해 공포탄을 쏜 후에 작업을 했다는 일화도 전해진다. 결국 리버풀-맨체스터 철도는 1830년 9월 15일에 개통될 수 있었다. 45킬로미터에 달하는 이 철도는 세계 최초의 장거리 철도였으며, 1830년 9월 15일은 '철도 건설의 위대한 시대'가 시작된 날로 평가된다.

'철도의 아버지'로 평가받는 조지 스티븐슨. 그는 1847년에 창설된 기계공학회 Institution of Mechanical Engineers의 초대 회장을 지냈다.

레인힐의 기관차 경주

|

스티븐슨은 리버풀-맨체스터 철도를 건설하면서 이 철도를 달릴 증기기관차를 만드는 작업도 병행했다. 아들인 로버트 스티븐슨Robert Stephenson과 함께 로켓Rocket 호를 준비했던 것이다. 그러자 스티븐슨이 자신의 기관차를 팔아먹기 위해 철도를 깔고 있다는 소문이 돌기 시작했다. 이에 스티븐슨은 공개적인 경주 대회를 열어 가장 우수한 기관차를 사용하자고 제안했다.

1829년 5월 1일 리버풀-맨체스터 철도회사는 「리버풀 머큐리」에 광고를 냈다. 리버풀-맨체스터 철도를 달리는 데 적합한 기관차에게 500파운드의 상금을 주겠다는 것이었다. 같은 해 10월에 '레인힐의 경주Rainhill Trials'로 알려진 기차 콘테스트가 열렸다. 이 대회에는 7량의 기관차가 참여했는데, 예심에서 4량이 탈락하고 3량이 본선에 진출했다. 본선 경주에서 2량은 운행 도중 고장으로 탈락했고, 결국 로켓 호가 우승의 영광을 차지했다. 당시에 로켓 호는 승객 30명을 태운

맨체스터-리버풀 철도를 달리는 로켓 호의 모습

1829년 스티븐슨 부자의
로켓 호를 묘사한 그림

화차를 끌고 3.2킬로미터의 경주 구간을 20회 왕복했다. 평균 시속은 22.5킬로미터, 최고 시속은 46.6킬로미터를 기록했다.

　로켓 호에는 관 모양의 기관과 연소실이 장착되어 있어서 조그만 공간에서도 넓은 열 표면을 만들어낼 수 있었다. 테두리가 2미터가 넘는 큰 바퀴는 속도를 내는 데 매우 유리했다. 이러한 로켓 호의 구조는 이후에 만들어진 모든 증기기관차의 기준으로 작용했다.

　1830년 9월 15일에 리버풀-맨체스터 철도를 이용한 승객 중에는 「로미오와 줄리엣」이라는 연극으로 일약 스타덤에 오른 여배우 패니 캠블Fanny Kemble도 있었다. 그녀는 친구에게 보낸 편지에서 로켓 호를 다음과 같이 묘사했다. "얘는 발에 해당하는 두 바퀴에 피스톤이라는 눈부신 강철 다리로 움직여. 피스톤은 증기의 힘으로 움직이는데, 피스톤에 전달되는 증기가 많아질수록 바퀴가 빨리 나아가. 보일러가 터지면 안 되니까 미리 속도를 줄여야 하는데, 그럴 때에는 안전밸브를 열어서 증기를 공중으로 뱉어 내."

경영 혁명의 효시

|

1840년대 이후에 세계 각국은 경쟁적으로 철도를 건설했다. 이른바 '철도 붐'이 일어난 것이다. 1840년과 1914년의 철도망을 비교해보면, 프랑스는 410킬로미터에서 3만 7,400킬로미터로, 독일은 469킬로미터에서 6만 1,749킬로미터로, 영국은 2,390킬로미터에서 3만 2,623킬로미터로, 미국은 4,510킬로미터에서 41만 475킬로미터로 크게 늘었다. 자연적 조건에 제약을 받지 않았던 철도는 점차적으로 마차와 운하를 대체함으로써 지배적인 교통수단으로 자리 잡았다. 특히 철도의 발달을 계기로 국내 시장의 단일화가 이루어져 지방 경제가 국민경제의 차원으로 승화되었다.

철도 건설에는 금속, 연료, 기계 등이 대량으로 필요했기에 다른 산업 부문에도 엄청난 파급효과를 낳았다. 또한 철도의 건설과 운영에

1913년 미국의 표준시간대를 표시한 지도

는 막대한 자본과 체계적인 관리가 필요했기에 철도를 매개로 오늘날과 같은 근대적 대기업이 형성되었다. 19세기 후반 철도 산업에서 이루어진 기업 경영의 변화는 경영 혁명managerial revolution의 효시로 평가되기도 한다.[31]

철도 산업이 확대되면서 기업 간 통합이 활발히 전개되었고, 독점의 횡포를 방지하기 위한 정부의 규제 법안도 제정되었다. 철도의 원활한 운영을 위해 표준화 작업이 전개되었다는 점도 주목할 만하다. 미국의 경우에는 1883년 11월 18일에 전국을 네 구역으로 나누어 표준 시각을 정했다. 이와 함께 1886년부터는 철도 궤간이 모두 4피트 8.5인치(1.435밀리미터)로 통일되었는데, 그것은 스티븐슨의 블뤼허 호가 달렸던 킬링워스 탄광의 수레 선로 간격과 같다.

우리나라 최초의 철도는 노량진과 제물포를 잇는 경인선으로 1899년 9월 18일에 개통되었다. 이어 경부선(1905년), 경의선(1909년), 호남선(1914년), 경원선(1914년) 등이 개통되면서 전국적인 철도망이 형성되었다. 경인선이 운행된 직후에 「독립신문」은 다음과 같은 기사를 실었다.

화륜거火輪車 구르는 소리가 우레와 같아 천지가 진동하는 듯하고 … 수레 속에 앉아 내다보니 산천초목이 모두 움직이는 듯하고 나는 새도 미처 따르지 못하더라.

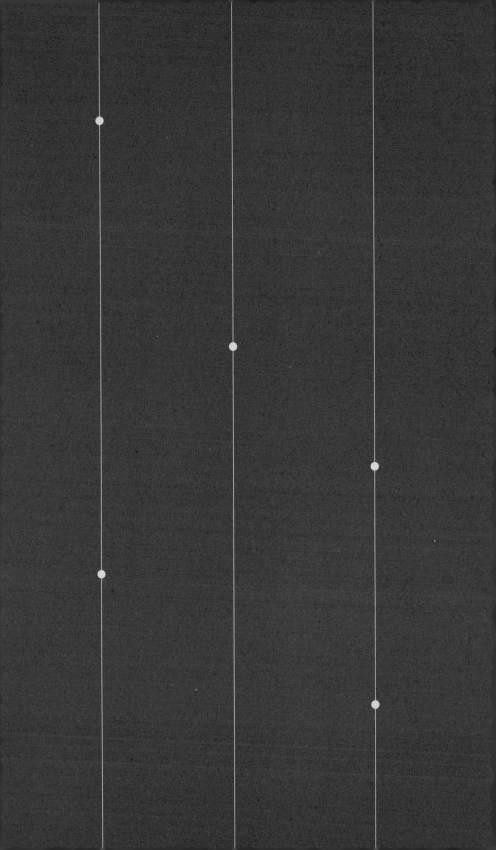

전신

telegraph

**지구촌 시대를 연
19세기의 인터넷**

전신은 '지구촌 시대'를 여는 데 크게 기여했다.
원래 화가였던 새뮤얼 모스는 1832년에 뉴욕으로
가는 배에서 전신의 가능성에 주목했고, 1837년에
전신기와 함께 부호체계를 고안했다. 1844년에는
전신의 역사적인 개통식이 거행되었고, 1861년에는
미국 대륙을 횡단하는 전신망이 설치되었다.
대서양을 횡단하는 전신망은 1858년에 처음
설치되었다가 문제를 보완해 1866년에 성공적으로
구축되었고 약 100년 동안 미국과 유럽을 연결했다.
19세기 후반에는 전신이 전 국가적인 네트워크로서
일반 사람들의 생활에도 깊숙이 들어와 오늘날의
인터넷과 같은 역할을 담당했다.

★

스마트폰이나 텔레비전을 켜보는 것만으로도 우리는 지금 이 시각 먼 나라에서 무슨 일이 일어나고 있는지 쉽게 알 수 있다. 그렇다면 세계 각지의 소식을 실시간으로 접할 수 있는 '지구촌 시대'는 언제부터 시작된 걸까? 아마도 1858년 8월 16일이 아닐까 싶다. 그날 아침 영국의 빅토리아 여왕과 미국의 뷰캐넌 대통령은 문안 인사를 주고받았다. 대서양을 가로지른 두 사람의 대화가 가능했던 건 해저 케이블을 이용한 전신 기술 덕분이었다. 이 전신 기술의 출현과 확산에 가장 큰 기여를 한 인물로는 19세기 미국의 발명가인 새뮤얼 모스Samuel Finley Morse를 꼽을 수 있다.[32]

모스의 운명을 바꾼 항해
|

모스는 원래 미국 유명 인사들의 초상화를 그리는 화가였다. 1826년에는 국립디자인아카데미의 초대 교장을 맡기도 했다. 모스는 1829년에 38세의 나이로 유럽으로 건너갔다. 그동안 지쳐버린 몸과 마음을 회복하려는 의도였다.

모스는 프랑스에 머무는 동안 클로드 샤프Claude Chappe가 18세기 말에 발명한 수기手旗 신호 시스템을 접했다. 몇 킬로미터 간격으로 세워놓은 목재 게양대를 통해 신호를 전달하는 방식이었다. 당시 프랑

전신을 발명하여 세계화를 촉진한 새뮤얼 모스(왼쪽), 샤프가 발명한 수기 신호 시스템을 복제한 모습(오른쪽)

스에는 각지에 500개가 넘는 신호탑이 세워져 있어서 모든 지역에서 파리까지 신호를 보낼 수 있었다. 샤프의 발명은 흔히 '텔레그래프 telegraph'의 시작으로 평가된다. 텔레그래프는 먼 거리로 신호를 보내는 기술을 뜻하는 것으로 이후에 전기적 신호를 사용하면서 '전신電信'으로 번역되고 있다.

1832년에 모스는 뉴욕으로 가는 설리 호에 몸을 실었다. 그 배에는 아마추어 전기학자인 찰스 잭슨Charles Jackson이 타고 있었다. 그는 선상에서 무료한 시간을 때우려고 사람들 앞에서 전자석 실험을 했다. 전류를 통하면 쇠막대기로 자석이 되어 철가루를 끌어당기고 전류를 끊으면 다시 평범한 쇠막대기가 되는 실험이었다. 모스도 사람들 틈에 끼어 잭슨의 실험을 지켜보았다. 그때 모스의 머릿속에는 전자석을 이용하면 먼 곳까지 신호를 보낼 수 있을 것이라는 생각이 번뜩 들었다.

설리 호에서 모스는 전신기에 대한 아이디어를 가다듬고 도표를 그리는 데 몰두했다. 어떻게 하면 전자석을 이용해 효과적으로 메시지를 전파할 수 있을까? 9라는 숫자를 전파하기 위해서는 전자석을 꼭 9번이나 딸깍해야 하는 걸까? 반드시 알파벳에 따라 각각의 전기 회로가 필요한가? 급기야 모스의 생각은 점dot과 줄dash로 이루어진 부호를 이용해 알파벳을 표현하는 것까지 이르렀다.

전신기와 모스 부호의 개발

|

　6주의 항해가 끝난 후 모스는 새로운 사람이 되어 뉴욕 항에 도착했다. 이후로 그는 전신 실험에 혼신의 힘을 쏟았다. 그러나 모스의 실험은 단거리에서만 성공을 거두었고, 장거리에서는 모두 실패했다. 그에게는 이러한 문제점을 해결할 수 있는 과학적 능력이 부족했다. 다행히도 두 명의 유능한 과학자가 모스를 도와주었다. 뉴저지 대학교(현재 프린스턴 대학교)의 조지프 헨리Joseph Henry 교수와 뉴욕 시립대학교(현재 뉴욕 주립대학교)의 레오나르도 게일Leonardo Gale 교수가 그들이었다. 두 사람의 도움 덕분에 모스는 정교한 계전기relay(입력이 어떤 값에 도달하였을 때 작동하여 다른 회로를 개폐하는 장치)를 개발하여 전기 신호를 멀리 보내는 데 성공할 수 있었다.[33]

　1837년에 모스는 전신기에 대한 특허를 받았다. 모스 전신기에는 누름단추가 있어서 이를 통해 전류를 끊고 이을 수 있었다. 전신기에 연결된 전선의 끝 부분에도 비슷한 장치가 설치되었다. 모스 전신기에서 짧은 신호는 종이 띠 위에 점(·)으로 표시되었고 긴 신호는 줄(-)로 표시되었다. 이러한 점과 줄의 조합으로 문자나 숫자를 표현했는

1912년의 타이타닉 호 침몰사고 때 SOS를 치는 광경을 그린 삽화. SOS는 'Save Our Souls' 혹은 'Save Our Ship'의 머리글자를 딴 것으로 알려져 있다. 1906년에 열린 제2차 국제라디오전신회의International Radiotelegraphic Convention에서 조난신호로 채택되었다.

The "S·O S"

데, 예를 들어 알파벳 A는 '··-'로, SOS는 '···–––···'로 표시했다. 이것이 바로 모스의 전신기에서 가장 독창적인 요소로 평가받는 모스 부호이다.

1837년은 윌리엄 쿠크William F. Cooke와 찰스 휘트스톤Charles Wheatstone 이 영국에서 바늘 전신기needle telegraph로 특허를 받은 해이기도 하다. 그들의 전신기는 다섯 개의 바늘로 구성되어 있었다. 각 바늘은 하나의 글자를 지시했고, 바늘이 좌우 혹은 수직으로 움직이면서 글자의 조합이 만들어졌다. 쿠크와 휘트스톤은 회사를 설립한 후 1839년에 리버풀과 맨체스터를 연결하는 전신선을 구축했다. 세계 최초로 상업화된 전신 시스템이 탄생한 것이다.

1838년에 모스는 자신이 발명한 전신기를 뉴욕 시립대학교, 프랭클린연구소, 미국 하원 등에 잇달아 공개했다. 500미터 가량의 전선

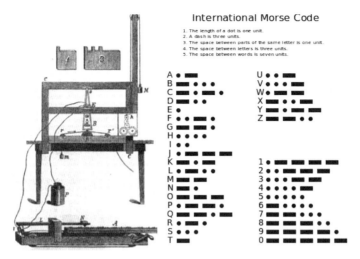

International Morse Code

1. The length of a dot is one unit.
2. A dash is three units.
3. The space between parts of the same letter is one unit.
4. The space between letters is three units.
5. The space between words is seven units.

모스의 전신기(왼쪽)와 모스 부호(오른쪽)

을 깔고 송신기에서 신호를 보내자 수신기의 종이테이프에는 길고 짧은 자국이 남겨졌다. 실험을 지켜본 사람들은 탄성을 지르며 저마다 한마디씩 꺼냈다. "미술 선생이라더니 못하는 것이 없군. 그새 전공을 바꾸었나?" "저건 대단한 발명품이야! 세계 과학문명을 혁신할 괴물이 될 거야."

"하느님이 무엇을 하셨는가"

그러나 모스의 전신기가 상업화되는 데에는 제법 많은 시간이 걸렸다. 사람들은 점차적으로 전신의 필요성을 인식하고 있었지만 사업가나 정부가 전신기에 선뜻 투자하지 않았던 것이다. 그러던 중

1843년에 모스에게 매우 기쁜 소식이 전해졌다. 전신에 대한 지원을 놓고 몇 년 동안 망설였던 미국 상원이 법안을 통과시킨 것이다. 3만 달러라는 거금을 확보한 모스는 노동자들을 고용하여 볼티모어와 워싱턴 사이에 전신선을 설치했다.

드디어 1844년 5월 24일에 모스는 모든 준비를 마치고 역사적인 개통식을 거행했다. 그때 선택된 메시지는 "하느님이 무엇을 하셨는 가What hath God wrought."라는 짧은 문장이었다고 한다. 모스는 워싱턴에서 누름단추로 이 메시지를 두드렸다. 볼티모어에 있던 동업자인 베일Alfred Vail은 그 메시지를 받고서 곧바로 모스에게 돌려보냈다. 개통식은 대성공이었다. 장거리 전신의 성공으로 모스는 10여 년 동안의 긴 여정을 만족스럽게 끝낼 수 있었다.

전신 산업을 이용한 언론, 군대, 금융, 철도 회사

모스는 1845년에 마그네틱전신회사Magnetic Telegraph Company를 설립했다. 이를 시작으로 미국에서는 수많은 전신 회사들이 생겨났다. 1850년을 기준으로 스무 개 회사가 2만 킬로미터가 넘는 전신선을 설치했다. 1846년부터 1852년까지 불과 6년 만에 전신망은 600배로 증가했고, 1861년에는 미국 대륙을 횡단하는 전신망이 설치되었다. 수많은 기업들이 흥망성쇠를 거듭하는 가운데 1866년에는 웨스턴유니온전신Western Union Telegraph이라는 대기업이 출현하여 1890년대까지 전신 서비스를 거의 독점했다.[34]

미국 최초의 전신 서비스를 기념하는 표지판   1930년경 일반인들이 사용한 웨스턴유니온전신의 전보

　전신의 첫 고객은 신문사였다. 이전에는 멕시코에서 미국으로 소식을 전하는 데 7일 정도가 소요되었던 반면, 1847년에 발발한 멕시코 전쟁은 전신 덕분에 실시간 보도가 가능했다. 그다음 고객은 군대였다. 1861~1865년에 일어난 남북전쟁은 전신 선로를 통해 신속하게 전달된 정보에 의거하여 군사전략이 수립된 최초의 전쟁이었다. '육하원칙'이라는 규칙도 남북전쟁 시기의 전신 때문에 발달했다고 한다.

　신문사와 군대에 이어 금융시장과 철도 회사들도 전신을 적극 활용했다. 금융시장은 금융상품의 가격을 전달하고 고객의 주문을 받는 데 전신을 활용했고, 철도 회사들은 전신 덕분에 열차 시간에 대한 정보를 신속히 전달하여 열차의 운행을 원활하게 통제할 수 있었다. 특히 철도의 전국적 확산은 미국 전역에 전신주와 전신망을 세울 수 있는 기회를 제공했다.

'인터넷'처럼 세계를 연결한 전신

서두에서 언급했듯이 대서양을 횡단하여 유럽과 미국을 잇는 전신은 1858년에 처음 개통되었다. 와일드먼 화이트하우스Wildman Whitehouse라는 기술자가 주도한 이 사업은 케이블에 강한 전류를 보내는 방식에 기반을 둔 것이다. 그러나 최초의 대서양 횡단 해저전신은 약 700회의 통신을 수행한 후 석 달 만에 무용지물이 되고 말았다. 케이블을 통해 전달되는 신호가 약해지고 잡음이 많아져서 제대로 사용할 수 없었기 때문이었다.

1860년 영국에서는 윌리엄 톰슨William Thomson을 비롯한 과학자들이 대거 참여한 가운데 '해저전신에 관한 합동위원회'가 구성되었다. 톰슨은 바닷물이 도체로 작용하는 데 비해 공기는 절연체이기 때문에 지상전선과 해저전선 사이에는 근본적인 차이가 있다고 지적했다. 해저전선과 바닷물이 일종의 축전기를 형성하기 때문에 하전과 방전의 속도가 늦어진다는 것이었다. 그는 해저전선에 강한 전류가 아닌 약한 전류를 흘려주어야 하며, 두꺼운 절연 물질로 덮어씌운 고전도성의 굵은 전선을 사용해야 한다고 주장했다. 약한 전류를 사용할 경우에는 그것을 판별할 수 있을 정도로 감도가 높은 기록 장치가 필요했는데, 이를 위해 톰슨은 거울 검류계를 설계하고 자동 사이펀 기록기를 만들었다.

톰슨의 노력을 바탕으로 1866년에는 대서양을 횡단하는 해저전선이 성공적으로 구축될 수 있었다. 이 케이블은 약 100년 동안 유럽과 미국을 연결하는 핵심적인 통신 시설로 활용되었다. 대서양 횡단 전신사업에 크게 기여한 윌리엄 톰슨은 영국의 과학자로서는 최초로 귀족 작위를 받아 켈빈 경Lord Kelvin이 되었다. 대서양 횡단 전신 사업이 추진 중이던 1865년에 전신의 절차와 가격의 국제 표준을 정하기 위해 국제전신연합International Telegraph Union(1947년에 UN 산하 기구인 International Telecommunication Union으로 변경됨)이 출범한 것도 흥미로운 사실이다.

한편 전신은 제국주의적 침탈의 도구로 사용되기도 했다. 영국, 독일, 프랑스와 같은 유럽의 제국주의 국가들은 해저 전신을 이용해 식민지를 효과적으로 통치할 수 있었다. 19세기 말 영국과 인도 사이에는 매년 200만 통의 전보가 송수신될 정도였다. 전신 덕분에 원하는 장소에 가장 비싼 값으로 물건을 옮길 수 있게 되었고, 정치적으로 중요한 사안도 적기에 결정되어 전파될 수 있었다. 전신의 세계적 팽창은 제국주의가 확장한 결과인 동시에 제국주의를 더욱 강화하는 동인으로 작용했다.

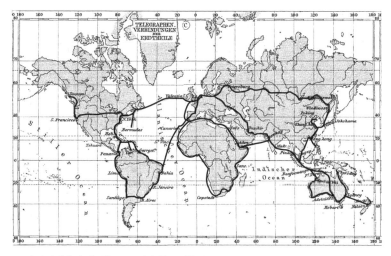

1891년 당시 세계 각국을 잇는 주요 전신선을 표시한 지도

19세기가 막을 내릴 무렵에 전신은 다양한 요소들을 잇는 강력한 네트워크로 부상했다. 만일에 어떤 사고가 일어나 전신선에 문제가 발생하면, 국민의 생활 전체가 마비될 정도였다. 기차는 운행이 중단되고, 지사를 둔 기업은 활동을 멈추며, 신문은 기사를 싣지 못하고, 주식시장은 문을 닫아야 하며, 멀리 떨어진 가족은 중요한 소식을 교환하지 못하게 되는 것이다. 전신은 국민 생활의 다양한 측면들을 서로 연결해주었고, 사람들이 전신 네트워크에 의존하는 정도는 더욱 심해졌다. 이러한 맥락에서 전신을 오늘날 글로벌 네트워크의 핵심인 인터넷에 빗대어 '19세기의 인터넷'으로 평가하기도 한다.

마취제

anesthetic

**죽음보다 더한 공포에서
벗어나다**

마취제가 없던 시절, 차라리 자살을 택하는 것이
이상하지 않을 정도로 수술은 끔찍한 공포였다.
그런데 19세기 초 유흥을 위한 모임에서 쓰이던
아산화질소와 에테르가 마취 효과를 일으킨다는
것이 발견되면서 수술에서 쓰이기 시작했다.
미국의 의사 크로퍼드 롱은 1842년에 에테르를
처음 사용했고, 치과 의사인 호레이스 웰스는
1844년에 아산화질소를 마취제로 사용해 처음
수술을 실시했다. 이어 윌리엄 모턴은 1846년에
에테르를 활용해 최초로 전신마취수술에 성공했다.
이처럼 마취제의 도입에 기여했던 사람들은
다수였지만 대부분 우선권 분쟁으로 불행한
말년을 보냈다.

나관중의 역사소설 『삼국지연의』에는 관우가 수술을 받는 장면이 나온다. 독화살에 맞은 관우가 살을 도려내고 뼈를 긁는 수술에도 태평히 바둑을 두었다는 것이다. 그러나 이것은 소설적 허구에 지나지 않을 것이다. 동서양을 막론하고 수술은 오랫동안 공포의 대상으로 여겨져왔기 때문이다. 1820년대에 에든버러 대학교의 의학부에서 공부했던 찰스 다윈도 환자가 수술을 받는 끔직한 광경을 목격한 후 의학에 흥미를 잃어버렸다고 한다.[35] 이와 같은 상황은 1840년대에 수술에 마취제가 사용됨으로써 극복되기 시작했다.

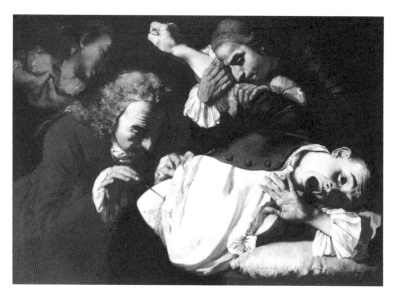

가스파레 트라베르시Gaspare Traversi, 「외과 수술The Operation」, 1753년

죽음보다 두려운 수술의 공포

마취anesthesia는 '감각이 없는 상태'를 뜻하는 용어이다. 1세기 그리스의 의사이자 식물학자인 페다니우스 디오스코리데스Pedanius Dioscorides가 처음 사용한 것으로 전해진다. 그가 환자에게 만드라고라의 뿌리로 만든 술을 마시게 한 후 수술을 했는데, 환자가 통증에 거의 반응을 하지 않았다는 것이다.

마취제가 등장하기 전에는 수술을 할 때 진통 효과나 환각 효과를 지닌 약초가 사용되곤 했다. 여기에는 대마, 아편, 히오시아민, 만드라고라 등이 포함된다. 그러나 환자에 따라 그 효과는 달랐고, 환자가 죽는 경우도 종종 발생했다. 이에 따라 외과 의사들은 상대적으로 안전한 술을 선택하는 경우가 많았다. 환자들에게 최대한 술을 많이 마시도록 한 후에 수술했던 것이다. 심지어 환자에게 최면을 걸어놓고 수술을 시도한 의사들도 있었다.

마취제가 등장하기 직전인 1841년에 시행된 절단 수술에 대해 「뉴욕 트리뷴」은 다음과 같이 묘사했다.

환자는 남자아이였다. 곁에서 아버지가 인자한 손길로 아이를 지키며 수술이 시작되기를 기다렸다. 이윽고 그 시간이 다가왔다. 직원들이 환자를 거칠게 수술대 위에 올려놓고 온몸을 묶었다. 두 명의 외과 의사가 칼질을 할 때마다 아이는 비명을 질렀다. 비명이 너무도 애처로워 차마 눈을 뜨고 바라볼 수가 없었다. 수술의 첫 번째 과정이 끝나자 소년은 '투명한 고통' 속에서 의사들을 바라보았다. 수석 의사가 잡아당기는 톱날이 근육을 썰었

다. 이윽고 톱이 뼈에 닿았고, 소년은 왕
복 세 번의 무거운 톱질로 뼈가 잘리는
소리를 들었다.

비슷한 시기에 아일랜드의 어떤 작
가는 다음과 같은 이야기를 남겼다.
자기가 알고 지내던 사람 중에 마음씨
좋은 영국인 독신자가 있었는데, 그는
긴 세월 동안 숱하게 많은 불행한 일

마취용 약초로 오랫동안 사용된 만드라고라

들이 닥쳐도 그때마다 묵묵히 견뎌냈다. 그러던 어느 날 외과 의사가
그에게 수술을 해야 한다고 말하자 남자는 곧바로 집으로 돌아가 유
서를 쓴 후 스스로 목숨을 끊었다. 이 일화처럼 외과 수술의 공포를
이기지 못하고 자살을 택하는 것은 당시로서는 그리 드문 일이 아니
었다. 외과 수술이라는 진단은 사형선고나 다름없었던 것이다.

유흥을 위한 파티에서 찾아낸 마취 가스

18세기에 기체의 성질을 연구하는 기체화학pneumatic chemistry의
전통이 형성되었다. 영국의 기체화학을 이끌었던 조지프 프리스틀리
Joseph Priestley는 매우 다양한 기체를 포집했는데, 그중에는 1772년에
발견한 아산화질소도 있었다. 1799년에 험프리 데이비Humphry Davy는
아산화질소가 웃음을 불러일으킨다는 점을 알아내고 그 기체에 '웃음

1802년 데이비가 왕립연구소에서 아산화질소(웃음 가스)로 실험하는 광경을 묘사한 삽화

가스laughing gas'라는 별명을 붙였다. 데이비는 아산화질소가 외과 수술의 고통을 줄이는 데 사용될 수 있을 것으로 생각했다. 1818년에는 데이비의 제자인 마이클 패러데이Michael Faraday가 황화에테르의 증기도 아산화질소와 비슷한 효과를 낸다는 사실을 발표했다.

그 후 아산화질소와 에테르는 유흥이나 오락을 위한 모임에 널리 사용되었다. '웃음 가스 파티laughing gas party' 혹은 '에테르 유희ether frolics'로 불린 행사가 상당한 인기를 끌었던 것이다. 사람들은 코를 킁킁거리며 아산화질소나 에테르의 냄새를 맡으면서 기분 좋은 환각 상태에 빠져들었다. 가스를 흡입하고 황홀경 속에서 소동을 벌이다가 타박상을 입는 경우도 종종 발생했다. 아산화질소를 담은 부대나 에테르를 넣은 플라스크를 가지고 전국을 순회하면서 시연하는 이색적인 직업도 생겨났다.

미국 조지아 주의 의사인 크로퍼드 롱Crawford Long도 에테르 유희를 좋아했다. 어느 날 그는 친구들과 파티에서 에테르에 취해 여기저기 부딪혔는데 아무런 통증을 느끼지 못했다는 사실을 깨달았다. 멍

1830년 웃음 가스 파티를 그린 삽화. 꾸지람이 잦은 아내도 웃음 가스로 치료할 수 있다는 내용이다.

이 들거나 살갗이 벗겨져도 에테르 기운이 사라질 때까지는 그 사실을 전혀 몰랐다. 그러던 중 파티에 함께 참석했던 제임스 베너블James Venable이 자신의 목에 난 종양을 제거해달라고 롱에게 부탁했다. 그때 롱은 에테르를 마취제로 사용하면 수술의 고통을 없앨 수 있을 것으로 생각했다.

수술은 1842년 3월 30일에 시행되었다. 롱은 수건에 에테르를 적신 후 베너블에게 들이마시도록 했다. 잠시 후 베너블이 정신을 잃자 롱은 종양을 제거했다. 몇 분 뒤에 깨어난 베너블은 수술을 할 때 전혀 통증을 느끼지 못했다고 말했다. 그 후에도 롱은 몇 차례의 수술에 에테르를 활용해 상당한 효과를 보았다. 역사상 처음으로 에테르를 마취제로 사용한 것이다. 하지만 롱은 이를 즉각적으로 보고하지는 않았고 그의 실험 결과는 1849년이 되어서야 「남부 내과 및 외과 저널」에 발표되었다.

"신사 여러분, 이것은 사기가 아닙니다."

1844년 12월 10일에는 코네티컷 주의 치과 의사인 호레이스 웰스Horace Wells가 샘 쿨리Sam Cooley와 함께 웃음 가스 파티에 참석했다. 웰스는 가스의 효과가 사라지고 정신을 차린 후에 쿨리의 바지에서 피가 흘러나오는 것을 목격했다. 쿨리는 아산화질소에 취해 있는 동안 자기도 모르게 상처를 입었는데 아무런 통증도 느끼지 못했던 것이다. 웰스는 이를 뽑을 때 아산화질소를 마취제로 사용하면 되겠다고 생각한 후 다음 날 자신을 대상으로 실험을 감행했다. 당시에 그는 아픈 사랑니를 가지고 있었는데, 자신의 조수인 존 리그스John Riggs에게 이 사랑니를 뽑아달라고 했다. 수술 당일 웰스가 아산화질소를 흡입해 정신을 잃은 사이 리그스가 그의 사랑니를 뽑았다. 몇 분 뒤 의식을 되찾은 웰스는 신이 나서 말했다. "이건 역사상 커다란 발견이야. 나는 핀으로 찌르는 정도의 통증도 느끼지 못했다고!"

그 후 웰스는 치과 수술에 아산화질소를 계속해서 사용했고, 그의 진료실에는 아픈 이를 고통 없이 빼고 싶은 환자들이 몰려들었다. 아산화질소를 외과 수술에도 사용할 수 있겠다는 데까지 생각이 미친 웰스는 보스턴에 있는 매사추세츠 종합병원의 외과 과장인 존 워렌John C. Warren을 찾아갔다. 워렌은 1845년 1월 말에 웰스가 공개적으로 수술을 시연할 수 있는 자리를 만들어주었다. 이 자리에서 웰스는 아픈 이를 뽑아달라며 자원한 학생에게 아산화질소를 투여한 후 그의 치아를 제거했다. 그런데 이가 뽑히는 순간 환자는 신음과 비슷한 소리를 냈다. 환자가 이전에 받았던 치과 수술에 비해 훨씬 통증이 덜했다고 말했음에도 관중들은 웰스에게 야유를 보냈다. 관중들은 웰스를 어쭙잖은 시골뜨기 치과 의사로 여기면서 마취에 관한 그의 주장을 속임수라고 생각했다.

웰스와 비슷한 시기에 그의 제자이자 동료인 윌리엄 모턴William T. G. Morton도 마취제에 도전했다. 보스턴에서 치과 의사로 일하고 있던 모턴은 웰스와 워렌을 연결해준 인물이기도 했다. 모턴은 여러 차례 동물실험을 실시한 후 보스턴의 저명한 의사이자 과학자인 찰스 잭슨 Charles Jackson에게 자문을 구했다. 그때 잭슨은 아산화질소보다는 에테르가 마취제로 적합하다고 조언했고, 모턴은 신문기자들을 초청한 가운데 에테르를 사용한 치과 수술을 성공리에 마쳤다. 그 수술에 대한 호의적인 기사 덕분에 모턴의 병원은 치과 수술을 받으려는 환자들과 수술 광경을 관찰하려는 의사들로 문전성시를 이루었다.

워렌은 웰스에 이어 모턴에게도 기회를 주었다. 1846년 10월 16일에 매사추세츠 종합병원에서 역사적인 공개 수술이 이루어졌다. 참석자들이 숨을 죽인 가운데 모턴은 에테르로 환자를 마취시켰고, 워렌

로버트 힌클리, 「에테르의 날Ether Day」. 세계 최초의 전신마취 수술을 그린 그림 이다.

은 솜씨 좋게 환자의 목 뒤에 있던 혹을 제거했다. 수술이 끝난 뒤 워렌은 관중들을 향해 이렇게 말했다. "신사 여러분, 이것은 사기가 아닙니다." 그 후에도 매사추세츠 종합병원에서는 에테르를 마취제로 사용한 수술이 몇 차례 더 진행되었고, 헨리 바이즐로Henry J. Bigelow는 수술 사례를 정리해 11월 18일에 「보스턴 내과 및 외과 저널」에 발표했다. 그로부터 36년이 지난 1882년에는 로버트 힌클리Robert Hinckley라는 화가가 세계 최초의 전신마취 수술 장면을 그렸는데, 이 그림은 지금도 보스턴 의학도서관 입구에 자랑스럽게 걸려 있다.[36]

우선권 분쟁이 빚은 비극

마취제가 널리 확산되면서 외과는 비약적인 발전의 계기를 맞았지만, 마취제의 도입에 기여했던 사람들은 대부분 불행한 말년을 보냈다. 문제는 1846년 11월 12일에 모턴이 '레테온letheon'이라는 이름을 붙인 에테르 흡입기로 특허를 받으면서 시작되었다. 오래전에 발견된 에테르로는 특허가 곤란했기 때문에 모턴은 몇 가지 성분을 첨가하고 그럴듯한 흡입 장치를 만들어 특허를 받았다. 이에 잭슨은 에테르를 마취제로 권유한 것은 자신이라며 모턴에게 맹렬한 비난을 퍼부었다. 웰스도 가만있지 않았다. 그는 가스 흡입을 통해 환자를 마취시킨다는 자신의 아이디어를 모턴과 잭슨이 훔쳤다고 주장했다. 급기야 롱도 자신이 보스턴의 의료진보다 4년이나 앞서 에테르를 마취제로 사용했다고 발표하기에 이르렀다.

마취제에 관한 우선권 분쟁은 모턴의 청원에 따라 미국 의회에서 다루어졌다. 의회는 마취제를 처음 발견한 사람에게 10만 달러라는 거금을 주기로 하고 1849년, 1850년, 1854년 세 차례에 걸쳐 열띤 토론을 벌였지만 뚜렷한 결론을 내리지 못했다. 모턴은 오랜 논란과 싸움에 지친 탓에 뇌혈관에 충혈이 생겨 1868년에 세상을 떠났다. 웰스는 아산화질소 대신에 클로로포름으로 실험을 하다가 중독되고 말았고, 결국 1878년에 자살을 택했다. 잭슨은 모턴의 묘비에 새겨진 "마취제 흡입의 발명가"라는 글귀를 보고 발작을 일으켜 오랫동안 정신병원에 입원해 있다가 1880년에 생을 마감했다. 이에 반해 롱은 자신의 직업을 신이 내린 소명으로 여기며 평생 동안 만족스럽게 활동할 수 있었다.

에테르에 이어 새로운 마취제로 각광을 받은 것은 클로로포름이었다. 클로로포름을 수술에 처음 사용한 사람은 영국 에든버러에서 산부인과 의사로 활동하던 제임스 심슨James Y. Simpson이었다. 그는 1847년에 환자에게 에테르를 사용해보았다가 기관지와 위장관에 자극을 준다는 사실을 발견하고 다른 마취제로 눈을 돌렸다. 곧이어 그는 클로로포름을 마취제로 사용해 산부인과 영역에서 큰 성공을 거두었다. 그러나 한편으

모턴이 특허를 받은 에테르 흡입기

로 인위적으로 통증을 없애려는 시도는 하느님의 뜻을 거역하는 것이라는 비판에 계속해서 직면해야 했다.

이러한 논란은 빅토리아 여왕이 심슨의 손을 들어줌으로써 일단락되었다. 여왕이 1853년에 클로로포름을 사용해 순조롭게 왕자를 분만했던 것이다. 당시 영국 왕실은 심슨에게 다음과 같은 편지를 보냈다.

여왕 폐하께서는 지난번 레오폴드 경을 분만하실 때 클로로포름을 사용하도록 명하셨습니다. 결과는 참으로 훌륭했습니다. 분만도 원활히 이루어졌고, 산후 회복도 정말로 순탄했습니다. 저는 이러한 소식이 선생을 즐겁게 하리라고 생각합니다. 그리고 이 일이 클로로포름이 보다 널리 쓰이는 계기가 되리라는 점도 잘 알고 있습니다.[37]

인공염료

artificial dye

보통 사람들에게도
색을 허하라

인공적으로 만든 염료가 발명되기 전까지 색깔이
있는 옷은 왕이나 귀족들만 입을 수 있는 호사였다.
일반인을 위한 다양한 색상의 의복은 19세기 후반이
되어서야 등장하기 시작했다. 최초의 인공염료는
영국의 화학자인 퍼킨이 1856년에 개발한
모브였는데, 빅토리아 여왕과 유제니 황후가
호의적인 반응을 보이면서 폭발적인 인기를 누렸다.
모브로 염색한 옷이 출시된 이후에는 마젠타,
알리자린 레드, 인디고 블루 등 인공염료가
경쟁적으로 개발되었다. 인공염료는 영국에서
먼저 발명되었지만 나중에는 대학에서의 과학
연구가 제도적으로 잘 정착된 독일이 주도권을
잡았다.

★

1870년 이전과 이후에 사람들이 모여 있는 광경을 살펴보면 상당한 차이가 있다. 옛날 사람들은 주로 색깔이 없는 옷을 입었지만, 19세기 후반에는 다양한 색상의 의복이 등장하기 때문이다. 실제로 옛날에는 색을 입힌 옷이 왕과 귀족들만 누릴 수 있는 호사였다. 아름다운 색감의 옷은 희귀하고 비싸서 일반 사람들이 입는다는 것은 상상도 할 수 없었다. 이러한 상황은 인공염료가 개발됨으로써 완전히 달라졌다. 역사상 최초로 상업적인 인공염료를 개발하여 색을 입힌 옷의 시대를 연 사람은 영국의 화학자인 윌리엄 퍼킨William H. Perkin이다.

천연염료가 사용되던 시절

옛날의 염료는 천연 원료에서 추출한 물질이었다. 동물, 식물, 광물 가운데 섬유에 착색되는 색소 함량이 많은 것이 사용되었다. 대표적인 예로는 알리자린alizarin, 케르메스kermes, 인디고indigo, 티리언 퍼플Tyrian purple 등을 들 수 있다. 알리자린과 케르메스는 각각 꼭두서니와 깍지잔디에서 얻어낸 빨간색 염료이다. 인디고는 대청에서 추출한 파란색 염료이며, 티리언 퍼플은 달팽이에서 얻은 자주색 염료이다.

천연염료 중에서 티리언 퍼플의 기록을 살펴보자. 티리언 퍼플의

1482년 천연염료로 모직물을 염색하는 광경을 그린 삽화

원료는 지중해에 많은 바다 달팽이의 아가미선에서 분비되는 맑은 체액이다. 달팽이의 분비액을 공기 중에 노출시키고 햇빛을 쪼여주면 색깔이 몇 차례 바뀌다가 마침내 자주색 염료가 만들어진다. 티리언 퍼플이라는 명칭은 바다 달팽이가 널리 채취되었던 지역인 '틸Tyre'에서 비롯되었다.

티리언 퍼플은 극히 소량만 생산되었기에 희소가치가 매우 높았다. 1그램의 염료를 생산하려면 약 9,000마리의 달팽이가 필요했다. 그래서 티리언 퍼플은 왕이나 귀족만 사용할 수 있었고, 그런 이유로 '로얄 퍼플royal purple'로 불리기도 했다. 게다가 염색을 위해서는 염료 이외에도 백반과 같은 매염제가 필요했고, 염색 과정에는 막대기로 옷감을 일일이 휘저어야 하는 고된 노동이 수반되었다. 로마 시대에 염료 생산이 중요한 국가 비밀로 취급되었다는 점도 흥미롭다. 정부에서 운영하는 염료 공장 밖에서 티리안 퍼플을 만드는 사람은 사형에 처할 정도였다.

시커먼 콜타르를 사용한 연구

최초의 인공염료는 1856년에 윌리엄 퍼킨이 발명했다. 당시에 퍼킨은 왕립화학대학교Royal College of Chemistry(1907년에 임페리얼 칼리지의 일부로 편입됨)의 학생이었다. 이 대학은 영국의 과학교육을 개혁하려는 목적으로 1845년에 설립되었으며, 초대 학장은 독일 출신의 화학자인 아우구스트 호프만August von Hofmann이 맡았다. 그는 자신의 스승인 유스투스 리비히Justus von Liebig를 따라 실험 위주의 화학 교육을 하면서 시커먼 콜타르coal tar(석탄을 건류할 때 생기는 찌꺼기)에서 새로운 화학물질을 합성하는 연구를 수행했다.[38]

호프만은 학생들에게 실험에 대한 과제물을 내주고 그 결과를 수업 시간에 발표하도록 했다. 그는 강의 중에 퀴닌quinine을 인공적으로 합성할 수 있다면 인류의 질병 치료에 크게 기여할 것이라고 강조했다. 퀴닌은 말라리아에 효과적인 물질로, 동인도에서 자라는 키나나무의 껍질에서만 얻을 수 있었다. 학생이었던 퍼킨은 스승의 말을 깊이 새기면서 1856년 부활절 휴가 때 퀴닌을 만들겠다는 계획을 세웠다. 그는 과제를 완벽하게 수행하기 위해 학교에서는 물론 집에서도 실험을 계속했다.

우연이 아니라 교육을 바탕으로 한 발명

퍼킨은 처음에 콜타르에서 나오는 톨루이딘toluidine을 원료로 퀴닌을 합성하고자 했다. 그러나 얻어낸 물질은 전혀 쓸모가 없는 적갈색의 진흙에 불과했다. 퍼킨은 이에 굴하지 않고 원료를 아닐린aniline으로 바꾸어보았다. 이번에는 이전의 생성물보다 더욱 가망성이 없을 것 같은 새까만 고체가 나왔다. 결국 퀴닌을 합성하려는 퍼킨의 시도는 실패로 끝나고 말았다.

그런데 그 실패는 다른 성공을 예고하는 것이었다. 놀랍게도 새로운 생성물은 사람이 주물럭거려도 손가락에 달라붙지 않았다. 수용성 물질이 아니라는 뜻이었다. 퍼킨은 검증을 위해 이 물질에 알코올을 떨어뜨려보았다. 그러자 눈앞에 신기한 현상이 벌어졌다. 시험관 안의 물질이 밝은 보랏빛 광채를 발산하는 액체로 변한 것이었다.

의외의 결과에 흥미를 느낀 퍼킨은 그 보라색 용액을 조사한 뒤, 이 액체가 천을 물들이는 데 매우 효과가 있다는 사실을 알게 되었다. 더구나 그 용액이 묻은 작업복은 아무리 비누칠을 해도 지워지지 않았고 햇볕에 말려도 탈색되지 않았다. 계속된 실험을 통해 퍼킨은 아닐린에서 보라색 염료를 추출하는 실용적인 방법을 찾아냈다. 세계 최초의 인공염료가 탄생한 것이다. 퍼킨은 새로운 인공염료의 이름을 '아닐린 퍼플aniline purple'로 정했다가 얼마 지나지 않아 '모브mauve'로 바꾸었다. 아닐린 퍼플은 보랏빛이 나는 아닐린이라는 의미였고, 모브는 분홍빛을 머금은 밝고 선명한 연보라색 야생화의 이름이었다.

초기의 과학 저술가들은 퍼킨이 실험 용액을 작업대에 엎지르면서

아닐린과 모브의 화학구조식

천에 색깔이 물드는 것을 보고 인공염료를 발견했다고 추측했다. 퍼킨이 인공염료의 실마리를 우연한 과정을 통해 얻었다는 점을 강조하기 위해서였다. 그러나 실상을 보면 유기화학에 대한 체계적인 교육을 받은 학생이 실험하는 과정에서 인공염료를 발명한 것이었다. 이전의 과학자들이나 기술자들이 새로운 발명을 하는 데에는 공식적인 교육이 거의 필요하지 않았지만, 퍼킨의 모브는 정규 과학 교육을 바탕으로 새로운 기술을 발명한 사례에 해당한다.[39]

폭발적인 인기를 누린 모브

퍼킨은 1856년 8월 26일에 특허를 받은 후 런던 교외에 염료 공장을 세웠다. 그러나 실험실에서의 발명과 사업상의 성공은 완전히 다른 차원의 문제였다. 우선 아닐린을 대량으로 생산하는 방법이 필요했다. 아닐린을 만들려면 벤젠에서 나이트로벤젠을 만들고 그것을 질산으로 환원시켜야 한다. 이 과정에서는 엄청난 양의 질산이 필요한데 당시에는 질산이 무척 비쌌다. 그래서 퍼킨은 특별한 장치를 고안하여 칠레 초석과 황산을 반응시켜 질산을 생산하는 방법을 찾아냈다.

이보다 더욱 어려운 문제는 염색법이었다. 모직물을 염색하는 것은 어렵지 않지만 면직물에는 전혀 염색이 되지 않았다. 수많은 시행착오 끝에 퍼킨은 탄닌 등을 매염제로 써서 면직물을 염색하는 방법을 개발했다. 이에 대해 공업화학자들은 모브를 발명한 것보다 매염제를 개발한 것이 퍼킨의 더욱 중요한 업적이라고 평가하기도 한다.

모브는 1859년부터 본격적으로 생산되기 시작했고 1861년에는 대량생산 단계에 접어들었다. 흥미롭게도 모브가 성공을 거두는 데에는 두 여인이 커다란 도움을 주었다. 한 사람은 영국의 빅토리아 여왕이었다. 빅토리아 여왕은 1862년 딸의 생일 파티에 퍼킨의 모브로 염색한 옷을 입고 나타났다. 다른 사람은 프랑스 나폴레옹 3세의 부인인 유제니 황후였다. 유행에 민감했던 그녀는 보랏빛이 자신의 눈 색깔과 잘 어울린다며 모브로 염색한 옷을 주문했다. 새로운 패션을 이끄는 선도자인 여왕과 황후가 호의적인 반응을 보이면서 모브는 폭발적인 인기를 누렸다.

당시에 모브가 얼마나 유행했는지를 잘 보여주는 기록이 있다. "이 무렵에 살던 사람이 아니고서는 이 염료가 콜타르로부터 얻어진다는 사실이 대중의 상상력을 얼마나 자극했는지 이해할 수 없을 것이다. 그것은 어디서나 대화의 주제가 되었다. … 심지어 교통경찰까지도 요즘은 '모브 온'이라고 말한다." 여기서 '모브 온mauve on'은 '무브 온 move on'을 연상시키는 재치 있는 말이다.

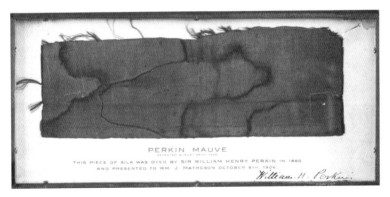

윌리엄 퍼킨이 개발한 모브의 1860년 샘플

새로운 색깔이 섬유산업만 변화시킨 것은 아니었다. 무엇보다도 석탄 회사나 가스 회사가 인공염료의 대량생산을 반겼다. 도처에서 생겨나는 콜타르가 인공염료라는 결과물로 깨끗하게 처리될 수 있었기 때문이다. 인공염료는 생물학의 발전에도 기여했다. 예를 들어 1882년에 독일의 생물학자인 발터 플레밍Walter Flemming은 퍼킨의 염료로 체세포를 채색하여 현미경으로 관찰해내는 쾌거를 거두었다. 플레밍의 실험을 통해 세포핵의 구조가 처음으로 밝혀졌으며, 세포핵 안의 염색체까지도 관찰할 수 있었다.

독일과 영국의 명암

퍼킨의 성공에 자극을 받은 호프만도 인공염료를 개발하는 데 합세하여 1859년에 웅장한 빨간색을 띠는 마젠타magenta를 선보였다. 마젠타도 모브와 마찬가지로 콜타르에서 뽑아낸 인공염료였다. 모브와 마젠타가 개발되면서 유럽의 염료 산업은 경쟁적으로 발전하기 시작했다. 이후에 독일의 거대 화학 업체로 성장하게 되는 BASFBadische Anilin und Sodafabrik, 훼히스트Hoechst, 바이엘Bayer, 아그파Agfa, 시바Ciba, 가이기Geigy 등도 마젠타를 만들면서 기업 활동을 시작했다.[40]

인공염료의 혁신은 계속되었다. 1868년에 BASF에 근무하고 있던 가를 그래베Karl Gräbe와 카를 리베르만Karl Lieberman은 알리자린 레드를 합성하는 방법을 발견했고, 1880년에는 뮌헨 대학교의 교수인 아돌프 바이어Adolf von Baeyer가 인디고블루를 합성하는 데 성공했다. 알

독일의 드레센 기술대학교에는 인류가 사용해온 염료가 1만 개 이상 보존되어 있다.

리자린 레드와 인디고블루에는 모브나 마젠타보다 더욱 중요한 의미
가 있었다. 모브와 마젠타는 천연 물질과 완전히 다른 합성 물질이었
던 반면, 알리자린 레드와 인디고 블루는 천연 물질과 거의 똑같은 물
질을 인공적으로 대량생산한 사례였기 때문이다. 값도 싸고 만들기도
쉬운 인공염료가 속속 등장하면서 오랫동안 사용되어 왔던 천연염료
는 하나둘씩 자취를 감추었다.

한 가지 흥미로운 사실은 인공염료가 처음 발명된 건 영국이었지
만 나중에는 독일이 주도권을 잡았다는 사실이다. 독일 정부는 외국
으로 건너간 과학자들을 적극적으로 유치하면서 한편으로는 특허법
을 개정해 동일한 산출물이라도 공정이 다르면 특허권을 받을 수 있
게 했다. 이를 배경으로 호프만을 비롯한 수십 명의 화학자들이 독일
로 돌아왔고 새로운 인공염료가 경쟁적으로 개발되었다. 특히 독일의

대학교에는 과학 연구가 제도적으로 정착되어 있어서 염료 산업의 발전을 주도할 수 있는 전문 인력이 풍부했다. 이에 반해 영국의 과학교육은 체계적이지 못했고 정부의 역할도 미진했다. 천재적 개인에 의존하는 영국과 조직적 활동을 중시하는 독일의 명암이 갈렸던 것이다.

인디고블루에 얽힌 이야기도 흥미롭다. 인디고블루로 염색한 면직물은 질기고 때가 잘 타지 않아 생산직 노동자들의 작업복으로 큰 인기를 끌었다. 어느새 인디고블루는 생산직 노동자를 상징하는 색깔이 되었고, 이를 배경으로 '블루칼라blue collar'라는 용어가 생겨났다. 1930년대에 들어서는 블루칼라의 작업복이 남녀노소를 가리지 않는 실용적인 패션으로 각광을 받으면서 '청바지blue jean'란 용어가 널리 사용되었다. 청바지 제조업체로 유명한 리바이스Levi's는 청바지를 처음 발명한 레비 스트로스Levi Strauss가 1853년에 설립한 회사이다.

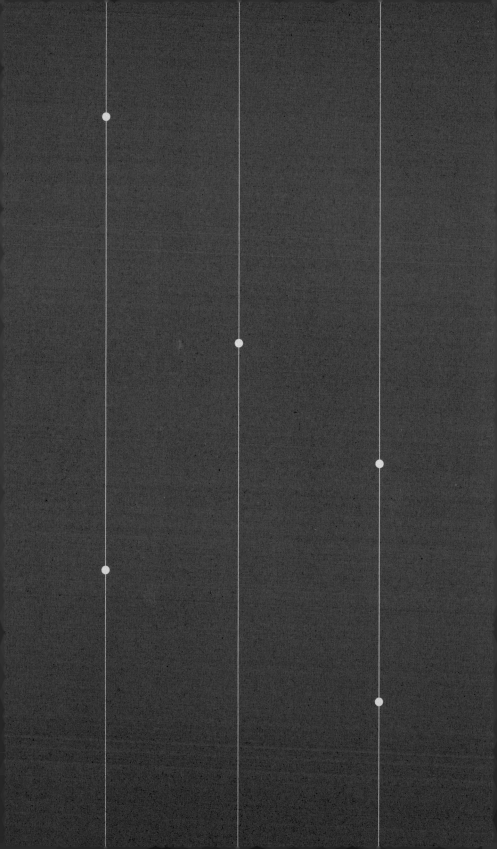

자전거

bicycle

**인간이 발명한
가장 효율적인 이동 수단**

오랫동안 자전거의 표준으로 군림한 것은 앞바퀴가
큰 오디너리 자전거였고, 젊은 남성들이 이를
선호했다. 두 바퀴의 크기가 비슷한 안전 자전거는
진동이 심하다는 문제점을 안고 있었는데, 1887년에
던롭이 공기주입식 타이어를 개발하면서 이 문제가
해결되기 시작했다. 오디너리 자전거 대신에 안전
자전거가 정착하는 데에는 자전거 경주가 중요한
역할을 했다. 1890년대에 들어와 자전거 산업은
최고의 전성기를 구가했고, 우리나라에서는
엄복동이 자전거로 이름을 날렸다.

자전거는 사람의 힘으로 움직이는 이동 수단으로 대개 두 개의 바퀴로 이루어져 있다. 스페인 출신의 유명한 철학자 호세 오르테가 이 가세트José Ortega y Gasset는 자전거를 두고 "최소의 비용으로 최고의 힘을 얻어 보다 빨리 가기 위해 고안된 인간 정신의 창조물"이라는 찬사를 보냈다. 사실상 자전거는 지구상에 존재하는 이동 수단 중에 에너지 효율이 가장 뛰어난 것으로 평가되고 있다. 사람 한 명이 1킬로미터를 이동할 때 소비되는 에너지를 비교해보면, 자동차가 1,155칼로리이고 보행이 62칼로리인데 반해 자전거의 경우에는 21칼로리라고한다.

19세기 후반까지 자전거의 표준은 앞바퀴가 큰 오디너리 자전거였다. 이 모델은 주로 젊은 남성들이 선호했고, 치마를 입은 여성들을 위해 변형된 모델이 만들어지기도 했다.

핸들도 페달도 없는 최초의 자전거

|

두 개의 바퀴를 연결해 움직이는 장치는 기원전부터 사용되었지만, 자전거와 같이 보행을 돕는 탈것은 18세기 말에 모습을 드러내기 시작했다. 자전거의 시조로는 프랑스의 귀족 콩트 메데 드 시브락Conte Mede de Sivrac이 1791년에 만든 셀레리페르Célérifère가 꼽힌다. 셀레리페르는 '빨리 달릴 수 있는 기계'라는 뜻으로 아이들이 타고 놀던 목마에서 힌트를 얻은 것으로 추정된다. 셀레리페르는 나무로 된 두 개의 바퀴를 연결한 후 안장을 얹은 형태였으며, 오늘날의 자전거와 달리 페달도 없었고 핸들도 없었다. 덕분에 셀레리페르는 발로 땅을 구르면서 앞으로 움직여야 했고, 방향을 바꾸려면 기계를 세운 후 앞바퀴를 들어서 돌려야 했다. 셀레리페르는 목마라는 뜻의 '슈발 드 보아Cheval de Bois'로도 불렸으며, 귀족들이나 아이들 사이에서 오락 기구로 인기가 많았다.

핸들이 장착된 최초의 자전거는 1817년에 독일의 귀족 카를 드라이스Karl von Drais가 고안했다. 당시에 드라이스는 바덴 대공국의 산림을 감독하는 책임자였는데, 광활한 지역을 터벅거리며 걸어 다니는 것에 불편을 느끼고 '운전할 수 있는 달리는 기계'에 도전했다. 드라이스

1817년에 그려진 드라이지네의 설계도

의 이름을 따 '드라이지네Draisine'로 불린 이 기계는 나무로 만들어졌으며 무게가 22킬로그램에 육박했다. 드라이지네를 활용하면 1시간 동안 약 20킬로미터를 주행할 수 있었는데, 이는 말이 달리는 속력과 맞먹는 것이었다. 이후에 드라이지네는 영국으로 전해져 '호비 호스hobby horse' 혹은 '댄디 호스dandy horse'라는 이름으로 상당한 인기를 끌었다. 드라이지네는 앞바퀴를 움직일 수 있는 핸들을 달고 있었지만, 여전히 발로 땅을 차서 움직이는 방식이었다.

페달로 바퀴를 돌리는 자전거는 스코틀랜드의 대장장이 커크패트릭 맥밀란Kirkpatrick MacMillan이 1839년에 처음 개발한 것으로 전해진다. 이후에도 많은 기술자들이 페달이 장착된 자전거에 도전했는데, 상업적으로 성공한 것은 프랑스의 대장장이 피에르 미쇼Pierre Michaux가 1861년에 만든 벨로시페드Velocipede였다. 당시에 한 손님이 호비 호스를 수리해달라고 미쇼의 가게에 가져왔는데, 미쇼는 자전거가 스스로 굴러갈 수 있도록 호비 호스의 앞바퀴에 페달을 달았다고 한다. 벨로시페드는 1861년 2대를 시작으로, 1862년 142대에 이어, 1865년에는 400대가 팔려나가는 등 대량으로 생산된 최초의 자전거로 기록된다. 미쇼의 벨로시페드는 영국으로 건너가 '본 셰이커Bone Shaker'라고 불리기도 했는데, 노면의 진동과 충격이 운전자에게 그대로 전달되어 붙은 별명이다.

1868년에 그려진 미쇼의 벨로시페드. 그의 아들이 벨로시페드를 타고 있다.

앞바퀴가 큰 보통 자전거

1868년을 전후해 유럽 사회에서는 자전거가 널리 유행하기 시작했다. 같은 해 파리 교외의 생클루에서는 세계 최초로 자전거 경주 대회가 열렸다. 영국에서 bicycle(자전거)라는 용어가 공식적으로 사용되기 시작한 것도 1868년이었다. 다양한 형태의 자전거들이 속속 등장하는 가운데 당시에 자전거의 표준이 된 것은 앞바퀴가 유난히 크고 뒷바퀴는 작은 자전거였다. 이러한 자전거는 '하이 휠high wheel' 혹은 '오디너리ordinary'로 불렸다. 오늘날과 달리 당시에는 앞바퀴가 큰 자전거가 '보통' 자전거였던 셈이다. 페달이 앞바퀴에 직접 붙어 있는 오디너리는 바퀴가 클수록 더 멀리 나아갈 수 있다는 원리에 기반 한 자전거였다.

오디너리의 원형은 영국의 코번트리에서 자전거 가게를 운영하고 있던 제임스 스탈리James Starley와 윌리엄 힐먼William Hillman이 설계한 페니 파딩Penny-Farthing이다. 페니와 파딩은 당시 영국의 화폐인데(1페니는 4파딩에 해당한다) 커다란 앞바퀴는 페니에, 작은 뒷바퀴는 파딩에 비유한 것이다. 페니 파딩은 가벼운 틀과 금속 살로 된 바퀴, 딱딱한 고무 타이어를 갖추고 있었으며, 페달이 한번 왕복하는 동안에 약 3.5미터를 나아갈 수 있었다. 스탈리와 힐먼은 1860년에 페니 파딩에 대한 특허를 냈고 이듬해부터 생산에 착수했다.

흥미로운 점은 오디너리 자전거를 대하는 사람들의 시선이 극명한 대조를 이루었다는 것이다. 오디너리 자전거를 선호했던 집단은 빠른 속도를 즐기는 젊은 남성이었다. 이에 반해 여성이나 노인은 오디너리 자전거가 안전성이 결여되었다고 보았다. 실제로 앞바퀴가 커질수록 자전거가 높아져 중심을 잡기 어려웠고, 자전거에서 떨어져 부상을 당할 위험도 커졌다. 치마를 입은 여성이 오디너리 자전거를 타기에 적합하지 않은 것도 문제였다.

1887년 오디너리 자전거로 교외를 달리는 모습

이러한 배경에서 여성이나 노인을 겨냥한 자전거도 속속 모습을 드러내기 시작했다. 치마를 입은 여성이 탈 수 있도록 안장의 위치를 옮긴 자전거도 등장했고,[41] 운전자가 균형을 쉽게 잡을 수 있도록 바퀴가 세 개인 세발자전거tricycle도 등장했다. 그중 1877년에 스탈리가 처음 개발한 세발자전거는 상당한 인기를 누렸다. 스탈리는 1878년에 2인용 세발자전거인 살보Salvo를 출시했는데, 빅토리아 여왕이 1881년에 살보 두 대를 구입하면서 세간의 화제가 되기도 했다.

두 바퀴가 비슷하고 공기타이어를 장착한 자전거

이와 함께 오늘날의 자전거처럼 두 바퀴의 크기가 비슷한 안전 자전거safety bicycle도 등장했다. 영국의 해리 로슨Harry J. Lawson은 1876년에 최초의 안전 자전거를 고안한 후 1879년에 바이시클릿Bicyclette(소형 자전거라는 뜻)이라는 이름으로 특허를 받았다. 이 자전거는 앞바퀴와 뒷바퀴의 크기가 동일했고, 페달이 두 바퀴의 중간에 있었으며, 페달을 밟으면 체인으로 뒷바퀴를 굴리는 방식이었다. 안전 자전거는 오디너리에 비해 안장에 오르기도 쉬웠고 주행 중에 균형을 잡는 것도 수월했다.

다양한 안전 자전거가 등장하는 가운데 사람들의 이목을 집중시킨 것은 로버Rover 자전거였다. 로버 자전거는 제임스 스탈리의 조카인 존 스탈리John K. Starley가 1884년에 개발한 것으로 이듬해에 런던 자전거 박람회에 출품되었다. 바이시클릿처럼 작은 바퀴와 후륜 구동 방식을 채택한 이 자전거는 다이아몬드형 프레임을 갖추었다는 점이 새로웠다. 특히 무게도 가볍고 가격도 적당해서 자전거 시장의 판도를 바꿀 후보로 평가되었다. 그러나 로버 자전거를 포함한 안전 자전거는 오디너리 자전거에 비해 차체가 낮고 바퀴가 작아서 진동이 심하다는 문제점이 있었다.

다이어몬드형 구조를 갖추고 있는 로버 안전 자전거

진동 문제는 스코틀랜드에서 수의사로 일하던 존 던롭John B. Dunlop이 공기주입식 타이어를 개발하면서 해결되었다. 그가 새로운 바퀴에 도전한 계기는 아홉 살이던 아들에게 고무 타이어가 부착된 세발자전거를 사준 것에서 찾을 수 있다. 아들이 자전거를 타기만 하면 엉덩이가 아프다고 불평을 늘어놓

앉던 것이다. 던롭은 1887년에 공기를 넣어 부풀린 튜브를 고무 타이어 안에 넣는 방법을 고안한 후 1888년에 자전거용 공기타이어로 특허를 받았다. 던롭의 공기타이어를 장착한 자전거는 덜 컹거리지 않고 부드럽게 달렸고, 곧 새로운 유행으로 자리 잡을 수 있었다. 1889년 스탈리가 자신의 자전거에 던롭의 공기타이어를

던롭이 공기타이어를 장착한 자전거를 타고 있는 모습

채택한 것을 계기로 로버형 안전 자전거가 전 세계적으로 널리 보급되기 시작했다.[42]

그러나 모두가 공기타이어를 환영한 것은 아니었다. 스포츠를 즐기는 사람들에게는 쿠션이 있는 공기타이어가 오히려 불필요했고, 일부 기술자들은 공기타이어는 진흙 길에서 미끄러지기 쉬워 안전성이 더욱 떨어진다고 생각했다. 19세기 말에 오디너리 자전거 대신에 안전 자전거가 정착한 데에는 자전거 경주가 중요한 역할을 했다. 일반적인 예상과 달리 공기타이어를 장착한 안전 자전거가 다른 자전거보다 빠르다는 사실이 자전거 경주를 통해 입증된 것이다. 이를 계기로 공기타이어는 진동을 억제하는 장치에서 속도를 증가시키는 장치로 다시 해석되기에 이르렀다.

황금기를 맞이한 자전거

1890년대에 들어와 자전거 산업은 최고의 전성기를 구가했다. 1891년에 「휠Wheel」이라는 잡지는 "남성과 여성, 아이들 모두가 자전거를 즐길 수 있다"면서 "지금까지 개발된 스포츠 가운데 가장 상쾌하고 건강에 이로운 운동이다"라고 덧붙였다. 자전거가 과거에는 스포츠를 즐기는 사람들의 전유물이었다면, 이제는 남녀노소를 불문한 일상적인 이동 수단이 된 것이다. 고객을 방문하는 세일즈맨, 왕진을 가는 의사, 등하교를 하는 학생 모두가 자전거 페달을 힘껏 밟았다. 자전거를 타는 '블루머 걸bloomer girl'은 여성 독립의 상징으로 자리 잡기도 했는데, 블루머는 끝 부분을 밴드로 묶은 헐렁한 반바지를 뜻한다.

1897년 치마 대신 블루머를 입고 자전거를 몰고 있는 여성의 모습

1896년에 「사이언티픽 아메리칸」은 "마차업자, 재봉사, 구두 가게, 모자 가게, 서점이 한결같은 비명을 지르고 있다"는 기사를 실었다. 자전거는 마차와 달리 언제 어디서나 사용할 수 있었다. 급속히 불어난 자전거족은 간편한 옷과 신발을 선호했고 바람 때문에 모자를 쓰지 않았다. 심지어 밤낮 없이 자전거를 타고 다니니 책 읽을 시간이 없다는 불만도 나왔다.

우리나라 최초의 자전거는 윤치

일제 강점기에 엄복동이 타던 자전거로 2010년에 등록문화재 제466호로 지정되었다.

호가 미국에서 가져온 것으로 전해지는데, 정확한 시기가 1883년인지 1895년인지는 분명하지 않다. 일제강점기에는 엄복동이 자전거를 잘 타는 것으로 이름을 떨쳤다. 자전거 경주 대회에서 일본인을 제치고 줄곧 1등을 차지했던 그는 일제의 압정에 시달리던 조선인에게 등불과 같은 존재였다. "쳐다보니 안창남, 굽어보니 엄복동"이라는 동요도 유행했는데, 안창남은 우리나라 최초의 비행사였다.[43]

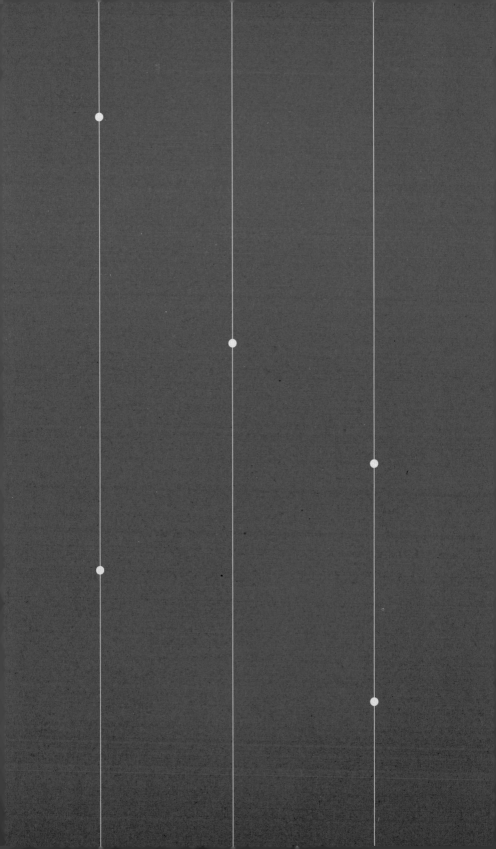

타자기

typewriter

**여성에게
새로운 직업을 열어주다**

타자기를 만들려는 시도는 16세기부터 오랫동안
계속되었다. 그러나 크리스토퍼 숄스의 타자기
이전에 만들어진 글 쓰는 기계는 사람이 쓰는
속도보다 느렸다. 숄스는 1868년에 타자기로
특허를 받은 후 이를 지속적으로 개선했다.
1873년에는 최초로 상업화된 타자기인 레밍턴
1호기가 등장했는데, 이 타자기에는 오늘날에도
쓰이는 QWERTY 자판이 채택되었다. 타자기
산업은 1878년에 레밍턴 2호기가 출시되면서
급속히 성장했고, 이를 매개로 여성들의 사회
진출이 크게 증가했다. 타자기는 20세기 전반에
전성기를 구가한 후 1960년대부터 역사의
뒤안길로 사라지기 시작했다.

★

타자기打字機는 자모, 부호, 숫자 따위의 활자가 달린 글쇠key를 손가락으로 눌러 종이 위에 찍는 기계를 말한다. 타자기는 이제 구경하기도 쉽지 않지만 타자기에서 쓰인 자판의 배열은 키보드와 스마트폰 등에서 여전히 쓰이고 있다. 현대적 타자기의 출발점이 된 레밍턴 1호기가 출시된 건 1873년이었는데, 당시만 해도 타자기에 주목하는 사람은 거의 없었다. 그러나 그로부터 몇 년이 지나자 사람들은 타자기를 "우리 시대의 위대한 발명품"이라고 호들갑을 떨기 시작했다. 이에 대해 미국의 여성 사학자인 신시아 모나코Cynthia Monaco는 다음과 같이 평했다. "타자기는 언제나 필요했지만, 그 필요성을 세상이 깨닫지 못했을 뿐이다."

QWERTY 자판의 개념도. 아이폰의 문자메시지 창

타자기

펜으로 쓰는 것보다 빠른 타자기

|

레밍턴 1호기의 원형이 된 타자기는 미국의 크리스토퍼 숄스 Christopher Sholes 등이 1867년에 발명했다. 그 이전에도 타자기를 만들려는 시도는 꾸준했는데, 모두 세어보면 51번을 넘어선다고 한다. 예를 들어 이탈리아의 프란체스코 람파제토 Francesco Rampazzetto는 1575년에 종이에 글자를 찍는 기계를 고안했고, 영국의 헨리 밀 Henry Mill은 1714년에 글 쓰는 기계의 제작법에 대한 특허를 받았다. 이어 영국의 윌리엄 버트 William Burt는 1829년에 타이포그래퍼 typographer라는 기계로 특허를 받았으며, 1865년에 미국의 존 프래트 John Pratt는 프테로타이프 Pterotype라는 기계를 제작했다. 그러나 이때까지의 기계들은 모두 장난감에 불과했다. 기계로 글자를 찍는 것보다 사람이 직접 글을 쓰는 것이 더 빨랐기 때문이다.

숄스는 미국 위스콘신 주의 밀워키에서 활동하던 언론인이었다. 그는 「위스콘신 인콰이어러」의 주간을 거쳐 「밀워키 뉴스」와 「밀워키 센티널」의 편집인으로 일하고 있었다. 숄스의 첫 발명품은 신문, 도서, 티켓 등에 번호를 자동으로 매기는 기계였다. 그는 인쇄업자인 새뮤얼 소울 Samuel Soule과 함께 번호 넣는 기계를 제작한 후 1866년 11월에 특허를 받았다.

숄스와 소울은 자신들의 발명품을 변호사이자 아마추어 발명가인 카를로스 글리든 Carlos Glidden에게 보여주었다. 글리든은 한발 더 나아가 번호 넣는 기계를 숫자와 글자까지 쓸 수 있는 기계로 발전시켜보자고 제안했다. 숄스는 1867년 7월에 「사이언티픽 아메리칸」에 실린

프래트의 기계에 대한 기사를 접한
후 타자기에 도전하기로 마음을 굳
혔다.

'타자기의 아버지'로 불리는 크리스토퍼 숄
스. 그는 '타자기typewriter'라는 용어를 만들었
고 QWERTY 자판도 개발했다.

숄스, 소울, 글리든은 의기투합했
다. 그들은 타자기에 대한 다양한 정
보를 수집한 후 기존의 것보다 크기
가 작고 속도가 빠른 타자기를 만드
는 작업에 착수했다. 설계는 숄스,
제작은 숄스와 소울, 후원은 글리든
이 맡았다. 결국 그들은 1868년 6월
23일에 새로운 형태의 타자기에 대한 특허를 받았다. 이 타자기는 타
이핑 막대가 아래로부터 올라오도록 설계되었고, 자판은 네 줄로 배치
되었다. 숄스의 타자기는 사람이 직접 글을 쓰는 것보다 두 배 정도 빠
른 속도를 낼 수 있었다.

QWERTY 자판의 탄생

숄스는 자신의 발명품을 상업화하기 위해 제임스 덴스모어
James Densmore에게 도움을 청했다. 덴스모어는 숄스의 언론계 친구로
기업가들과 긴밀한 관계를 유지하고 있었다. 숄스의 발명품에 큰 관
심을 보인 덴스모어는 타자기로 돈을 벌 수 있다고 확신했다. 덴스모
어는 숄스에게 타자기를 계속해서 개선해줄 것을 요청했고, 숄스는 50

여 회에 걸쳐 개량형 모델을 개발했다.

덴스모어는 레밍턴E. Remington & Sons의 사장인 필로 레밍턴Philo Remington에게 접근했다. 원래 군수품을 생산하던 회사였던 레밍턴은 남북전쟁이 끝난 후 농기계, 재봉틀, 조면기 등에 투자했으나 실패를 거듭하고 있었다. 레밍턴은 숄스가 개발한 타자기의 1872년 모델을 보고 타자기 산업에 뛰어들기로 마음먹었다. 레밍턴의 유휴 설비를 이용했기에 타자기를 생산하는 데에는 큰 어려움이 없었다.

숄스의 타자기는 더욱 개선되어 1873년에 레밍턴 1호기라는 이름으로 세상에 나왔다. 레밍턴 1호기는 현대적 타자기의 특성을 대부분 갖추고 있었다. 가령 글쇠를 누르는 동시에 글자가 찍혀 나왔다. 글자의 줄을 일정하게 유지할 수 있었고, 종이를 알맞게 이동시킬 수도 있었다. 그러나 대문자만을 쓸 수 있었고 띄어쓰기를 위한 탭 기능은 없었다.

세계 최초로 상업화된 타자기인 레밍턴
1호기

1872년에 크리스토퍼 숄스의 딸인 릴리언이
타자를 치는 모습. 그녀는 세계 최초의 여성
타이피스트로 알려졌다.

레밍턴 1호기는 오늘날에도 사용되는 QWERTY 자판을 채택했다. 숄스는 타자기가 소비자들에게 받아들여지기 위해서는 자판의 표준화가 매우 중요하다는 점을 알고 있었다. 그는 자판을 알파벳순으로 배열한 후 글쇠들이 서로 충돌하지 않도록 알파벳의 순서를 바꾸는 실험을 계속했다. 숄스의 자판 배열은 QWERTZ와 QWE.TY를 거쳐 QWERTY로 완성되었다.

영수증처럼 인쇄된 편지

레밍턴 1호기를 일찍 구입한 사람 중에는 마크 트웨인Mark Twain 이라는 필명으로 잘 알려진 새뮤얼 클레멘스Samuel Clemens도 있었다. 클레멘스는 1874년 여름에 보스턴의 한 진열장에 전시되어 있던 타자기를 보고는 곧바로 가게로 들어가 사용법을 물었다. 잠시 후 가게의 여성 직원이 1분당 75타의 속도로 타이핑하는 것을 보고 클레멘스는 그 자리에서 레밍턴 1호기를 구입했다.

클레멘스는 동생에게 다음과 같은 편지를 썼다.

새롭게 유행하는 이 기계의 사용법을 익히려고 노력하고 있다. … 125달러를 주고 샀다. 이 기계는 여러 가지 이점이 있다. 손으로 글을 쓰는 것보다 훨씬 빠르다. … 여기저기에 잉크 얼룩도 남기지 않는다. … 그리고 한 장의 종이에 훨씬 많은 글을 쓸 수 있다.

마크 트웨인이 타자기로 탈고한 작품
『미시시피 강의 생활』

훗날 클레멘스는 자신이 타자기로 처음 탈고한 작품이 1876년에 출간된 『톰 소여의 모험』이라고 회고했지만, 그의 회고는 1883년에 출간된 『미시시피 강의 생활』을 오인한 것으로 알려졌다.

그러나 유명한 소설가의 추천에도 불구하고 레밍턴 1호기는 잘 팔리지 않았다. 그 이유 중 하나는 레밍턴 1호기로는 대문자밖에 쓸 수 없었다는 점이다. 이 타자기로 작성된 문서를 처음 접한 사람들은 광고지로 오인하고 읽지도 않은 채 쓰레기통에 던져버리곤 했다. 그러나 더욱 중요한 이유는 당시의 사람들이 친필로 편지를 쓰는 것을 중시했다는 점에서 찾을 수 있다. 기계로 쓴 편지는 상대방이 아무런 정성을 들이지 않은 것으로 간주되기 십상이었다. 당시에 텍사스의 한 보험 대리인은 고객으로부터 다음과 같은 편지를 받았다.

당신만큼 많이 배우지는 않았지만 저는 글을 제대로 읽지 못할 정도로 무식하지는 않습니다. 누가 쓴 편지라도 다 읽을 수 있습니다. 지난번 제게 보낸 편지와 같이 굳이 영수증처럼 인쇄를 해서 보내실 필요는 없었다고 생각합니다. 저는 당신이 손으로 직접 써서 보내도 충분히 읽을 수 있습니다. 굳이 인쇄를 해서 보내야 제가 읽을 수 있다고 생각하셨다니 유감입니다.

여성 타이피스트의 등장

|

1878년에는 대문자와 소문자를 모두 쓸 수 있고 탭 기능도 갖춘 레밍턴 2호기가 개발되었다. 2호기의 출시와 함께 레밍턴은 판매 전략을 바꾸었다. 이전에는 주 고객을 개인으로 정했다면, 이번에는 급속한 산업화를 배경으로 출현한 대규모 조직을 상대했던 것이다. 레밍턴 2호기는 1호기와 달리 좋은 반응을 얻었다. 1881년에는 1년 동안 1,200대가 팔렸고, 1888년에는 한 달에 1,500대의 판매를 기록했다.

타자기가 널리 확산되면서 '타이피스트typist'라는 새로운 직업이 생겨났다. 타이피스트는 특히 당시의 여성들에게 이상적인 직업으로 받아들여졌다. 위험한 환경에서 고된 노동을 하지 않아도 되었고 깔끔한 사무실 환경에서 일할 수 있었기 때문이었다. 게다가 2주 정도의 교육만 받아도 실무에 투입될 수 있을 정도로 기술적 진입 장벽도 높지 않았다. 타이피스트 중에 여성이 차지하는 비중은 1880년만 해도 5퍼센트에 불과했던 것이 1890년의 64퍼센트를 거쳐, 1920년에는 92퍼센트에 이르렀다.

유능한 타이피스트는 고용주의 구술을 받아쓰는 것을 넘어 문장의 표현과 수위를 조절할 수 있었다. 여성이 텍스트를 단순히 생산하는 것뿐 아니라 상당한 수준의 자율성까지 확보했던 셈이다. 덩달아 비서의 개념도 상당한 변화를 겪었다. 타자기가 등장하기 전에 비서는 거의 남성이었지만 타자기가 일반화되면서 상황이 달라졌다. 타이피스트로 사회에 진출한 여성들이 점차적으로 비서 자리를 차지하기 시작했던 것이다. 이에 대하여 독일의 유명한 미디어 평론가 프리드리

여성을 사무직 집단으로 끌어들인 레밍턴 타자기

히 키틀러Friedrich Kittler는 "타자기가 여성을 해방시켰다"고 평가하기도 했다.

숄스도 자신이 발명한 타자기 덕분에 여성들이 타이피스트로 취업할 수 있는 기회가 생겼다고 생각했다. 그는 세상을 떠나기 직전에 며느리와 다음과 같은 대화를 나누었던 것으로 전해진다.

"아버님, 세상을 위해서 정말 좋은 일을 하셨습니다.

"글쎄, 세상을 위한 것이었는지는 잘 모르겠다. 하지만 언제나 힘들게 일해야만 했던 여성들을 위해서는 상당히 좋은 일을 했다는 생각이 드는구나. 내가 만들어낸 타자기 덕분에 여성들이 더 쉽게 생계를 해결할 수 있었지."[44]

역사의 뒤안길로 사라지다

레밍턴에 이어 타자기 산업에서 큰 성공을 거둔 기업은 언더우드타자기회사Underwood Typewriter Company였다. 특히 이 회사에서 1899

년에 출시한 언더우드 5호기는 대
성공을 거두었다. 이 타자기는 타
자한 즉시 글을 볼 수 있고 오자의
수정이 간편하다는 장점이 있었
다. 언더우드 5호기의 출현은 혼잡
했던 타자기 산업을 평정한 일대
사건이었다. 그 후 미국의 타자기

역사상 가장 널리 사용된 타자기인 언더우드
5호기

산업은 더욱 확장되어 언더우드, 레밍턴, 로열, 스미스, IBM의 5대
기업을 중심으로 재편되기에 이르렀다.

최초의 한글 타자기는 1914년에 재미교포 이원익이 스미스 프리미
어Smith Premier 타자기의 활자를 한글로 바꾸어 만들었다. 이어 1929년
에는 미국에서 유학 중이던 송기주가 언더우드 포터블Underwood Porta-
ble 타자기를 개조해 네벌식 타자기를 제작했다. 실용적 한글 타자기
의 시초로는 1949년에 안과 의사 공병우가 개발한 쌍초점 방식의 세
벌식 타자기가 꼽힌다.

타자기는 1960년대에 워드프로세서가 등장하고 1980년대 이후에
개인용 컴퓨터가 대중화되면서 역사의 뒤안길로 사라지기 시작했다.
급기야 2011년 4월에는 지구상의 마지막 타자기 제조업체인 인도의
고드레지앤드보이스Godrej & Boyce Mfg. Co가 문을 닫았다. 하지만 그로부
터 138년 전에 숄스가 개발했던 QWERTY 자판은 컴퓨터와 스마트
폰 등의 기보드에 지금도 남아 있다.[45]

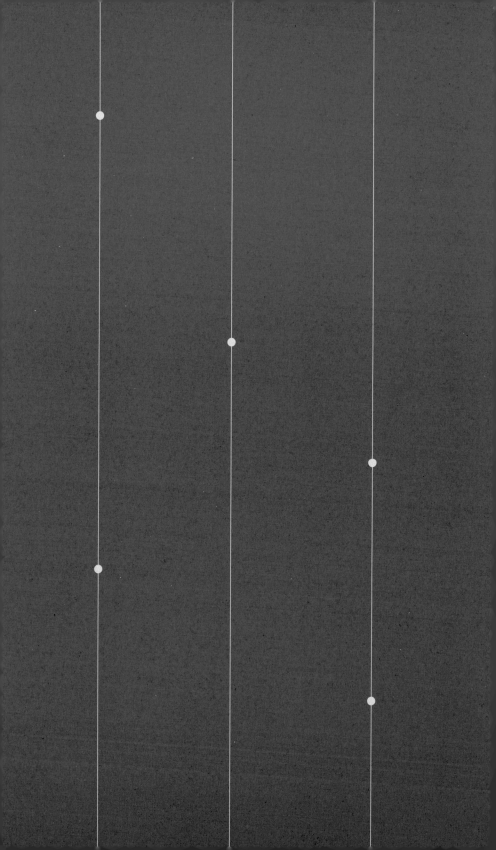

축음기

gramophone

**말하는 기계를 넘어
음악 재생 장치로**

에디슨은 1877년에 전화기를 조사하던 중에
'말하는 기계'의 가능성에 주목했다. 그리고 얼마
지나지 않아 녹음과 재생이 가능한 최초의
축음기인 '포노그래프'를 발명했다. 에디슨은
1889년부터 시판한 이 장치가 속기사 없이 사람의
말을 받아쓰는 기계라고 생각했고, 축음기로
음악을 재생하는 데에는 큰 관심을 두지 않았다.
1887년에는 베를리너가 '그래머폰'이라는 원반형
축음기를 개발했으며, 이를 매개로 축음기는
음악의 대량생산과 대중소비를 선도하기 시작했다.

★

축음기는 원통cylinder이나 원반disc에 홈을 파서 소리를 녹음한 후 바늘을 사용해서 재생하는 장치이다. 축음기를 뜻하는 영어 단어로는 주로 포노그래프phonograph가 사용되지만, 경우에 따라서는 그래머폰gramophone으로 표기하기도 한다. 두 단어를 엄밀히 구분하자면 포노그래프는 원통형 축음기, 그래머폰은 원반형 축음기를 뜻한다. 축음기는 흔히 오락용 장치로 간주되어왔지만, 초기의 축음기는 사무용 기계의 성격을 띠고 있었다.

전화 수화기에서 떠올린 아이디어

축음기는 1877년에 토머스 에디슨Thomas Edison이 발명한 것으로 알려져 있지만, 이전에도 축음기를 만들려는 시도는 있었다. 1857년에 프랑스의 식자공인 에두아르 스코트Édouard-Léon Scott는 '포노토그래프phonautograph'라는 음향 기록 장치를 발명했다. 에디슨의 축음기와 작동 원리가 거의 동일한 장치였다. 그러나 포노토그래프는 소리의 기록만 가능했고 기록된 것을 재생하지는 못했다.

1877년 4월에는 프랑스의 시인이자 발명가인 샤를 크로Charles Cros가 '펠리어폰paleophone'이라는 장치를 고안했다. 소리의 기록은 물론 재생까지 가능한 축음기였다. 그러나 그는 펠리어폰을 실제 제품으로

축음기

축음기의 원조에 해당하는 1859년의 포노토그래프

완성하지는 못하고 발명 계획을 과학아카데미에 제출하는 것으로 그쳤다. 만약 크로에게 충분한 자금과 인력이 있었다면 에디슨 대신에 '축음기의 아버지'가 되었을지도 모른다.

에디슨이 축음기에 처음 관심을 가졌던 시기는 1877년 여름이었다. 당시에 그는 멘로파크Menlo Park 연구소에서 웨스턴유니온전신의 의뢰를 받아 전화기를 조사하고 있었다. 에디슨은 수화기의 진동판이 흔들리는 것을 보고 있다가 그 진동으로 어떤 장치를 움직일 수 있지 않을까 하고 생각했다. 그래서 진동판에 짧은 바늘을 붙여 바늘 끝에 손가락을 댄 다음 진동판을 향해 말을 했더니 바늘이 손가락을 자극했다. 이어 에디슨은 파라핀을 적신 긴 종이테이프에 자국을 낸 후 종이테이프를 움직이면서 진동판에 '헬로우'라고 소리쳤다. 그런 다음 종이테이프 자국에 다른 진동판의 바늘을 움직이자 '헬로우'라는 소리가 다시 흘러나왔다.

센세이션을 일으킨 '말하는 기계'

이 경험을 계기로 에디슨은 '말하는 기계talking machine'를 만드는 작업에 착수했다. 그는 밀랍, 분필, 은종이와 같은 기록 장치를 이용해 다양한 실험을 했다. 1877년 11월 29일에 에디슨은 멘로파크 연구소의 기계공인 존 크레어시John Kreusi에게 설계도를 보여주면서 말하는 기계를 만들어보라고 지시했다. 크레어시는 구리와 철 조각을 이용해 에디슨이 요구한 기계를 만들었다. 그 기계는 굽도리널 위에 작은 회전 원통이 수평으로 걸려 있는 모양이었고, 바늘이 붙어 있는 두 개의 진동판은 원통의 양쪽에 꼭 맞도록 설치되었다.[46]

1877년 12월 4일 밤, 멘로파크 연구소에서 말하는 기계에 대한 시험이 실시되었다. 직원들이 지켜보는 가운데 에디슨은 은종이 한 장을 원통에 조심스럽게 싸서 그것에 붙은 첫 번째 진동판의 바늘을 내렸다. 원통의 끝에 붙은 크랭크가 돌아갈 때 에디슨은 진동판에 입을 대고 큰 소리로 노래를 불렀다. "메리에게는 새끼 양 한 마리가 있었네Mary had a little lamb"로 시작하는 노래인데, 우리에게는 "떴다 떴다 비행기"로 알려져 있다. 이어 에디슨은 원통을 시작점으로 돌려서 두 번째 진동판의 바늘을 은종이 속에 찍힌 홈에 놓았다. 다시 크랭크를 돌리자 놀랍게도 에디슨의 목소리가 제법 또렷하게 재생되었다. 세계 최초의 말하는 기계가 눈앞에 나타난 것이다.

그러나 최초의 말하는 기계는 녹음 시간이 2분 정도에 불과했고, 모음의 재생도 시원찮았다. 에디슨은 사흘 동안 잠도 자지 않고 기계의 성능을 향상시키는 일에 매진했다. 말하는 기계가 충분히 잘 작동한다는 판단이 들자 에디슨은 언론을 통한 홍보에 나섰다. 12월 7일 그는 「사이언티픽 아메리칸」의 편집장과 직원들이 모인 가운데 말하는 기계를 시연했다. 다음 날 에디슨의 새로운 기계를 다룬 기사가 대서특필되었고, 에디슨은 단번에 유명 인사가 되었다. 청력이 좋지 않은 사람이 말하는 기계를 발명했다는 기사는 센세이션을 일으키기에

1878년 4월 18일, 워싱턴의 국립과학아카데
미에서 포노그래프를 시연한 직후의 에디슨

충분했다. 그 후 에디슨에게는 '멘로파크의 마술사'라는 별명이 붙여
졌다.

1877년 12월 15일 에디슨은 말하는 기계의 두 번째 모델에 '포노
그래프'라는 이름을 붙여 특허를 신청했다. 당시에 에디슨은 축음기
의 용도로 다음의 열 가지를 생각했다.

① 속기사 없이 사람의 말을 받아쓰기

② 맹인을 위한 발음 교육

③ 대중 연설 가르치기

④ 음악 재생

⑤ 가족용 기록의 보관

⑥ 자동 연주 음악기와 장난감

⑦ 시간을 알려주면서 메시지를 전달하기

⑧ 정확한 발음의 보존

⑨ 교사의 설명을 재생하는 교육 기구

⑩ 전화 기록의 보존

에디슨은 이해하지 못한 축음기의 활용성

1878년 여름이 되면서 에디슨의 관심은 축음기에서 멀어졌다. 백열등을 개발하는 과제가 우선이었던 것이다. 그러던 중 1881년에 전화기를 발명한 알렉산더 벨Alexander Bell이 볼타Volta 연구소에서 치체스터 벨Chichester Bell, 찰스 테인터Charles Tainter와 함께 축음기의 성능을 개량하기 위한 실험을 실시했다. 그들은 은박지 대신에 내구성이 강한 밀랍을 사용했고, 수동식 크랭크 대신에 페달을 사용해 실린더를 회전시켰다. 녹음 장치도 더욱 부드럽게 작동할 수 있도록 손보았다. 그 기계에는 '그래포폰Graphophone'이라는 이름이 붙여졌고, 테인터는 에디슨의 특허가 소멸된 1885년에 그래포폰의 특허를 신청했다.

1886년에 벨과 테인터는 에디슨을 찾아가 축음기의 개발과 생산에 대한 협력을 제안했지만 보기 좋게 거절당하고 말았다. 이를 계기로 에디슨은 그래포폰보다 더욱 우수한 축음기를 생산하기로 마음먹었다. 이듬해 그는 웨스트오렌지에 연구소를 차린 후 연구소 부근에 축음기 공장을 설립했다. 에디슨은 1888년에 판매용 시제품을 완성했고, 이듬해부터 포노그래프를 시판하기 시작했다. 이번에는 전기 모터로 원통이 자동으로 돌아가게 했으며, 소리를 키우기 위해 나팔 모양의 확성기도 달았다.

그래포폰으로 음성을 재생하여 타자로 기록하는 모습

에디슨은 축음기를 속기사 없이 사람의 말을 받아쓰는 기계로만 생각했을 뿐, 음악을 재생하는 데에는 큰 관심을 두지 않았다. 그러나 축음기의 오락적 가능성을 알아차린 사람들은 축음기를 주크박스jukebox로 활용해 상당한 수익을 올렸다. 에디슨은 주크박스의 가치를 마지못해 인정하면서도 사무실에서 사용되어야 할 축음기의 용도가 왜곡되었다고 생각했다. 그는 축음기를 개량할 때도 그 목표를 정밀도가 더욱 뛰어난 구술 기록기를 제작하는 데 두었다. 이처럼 에디슨은 대중문화를 선도했던 축음기를 개발했음에도 그것을 배경으로 성장한 새로운 문화를 이해하지 못했던 역설적인 삶을 살았다.[47]

음악의 대중화를 이끈 원반형 축음기

1887년에는 새로운 유형의 축음기가 등장했다. 독일 출신의 발명가인 에밀레 베를리너Emile Berliner가 '그래머폰'이라는 원반형 축음기를 개발한 것이다. 원반형 축음기와 원통형 축음기는 모두 일장일단이 있었다. 음질의 측면에서는 원통형이 앞섰다. 원반형 축음기는 음반이 돌아가는 속도가 일정하지 못했던 것이다. 그러나 재생은 원반형이 우수했다. 원통형 축음기로는 1회의 연주로 10개의 음반(레코드)밖에 생산할 수 없었지만, 원반형 축음기에는 그러한 제약이 없었다.

흥미롭게도 최초의 베스트셀러 음반은 「주기도문」이었다. 베를리너는 주기도문을 녹음한 음반을 수천 장이나 팔았다. 사실상 당시에는 베를리너의 그래머폰으로 재생된 말을 알아듣는 것이 쉽지 않았다. 그럼에도 베를리너가 성공했던 이유는 주기도문의 내용을 거의 모든 사람들이 알고 있었다는 점에서 찾을 수 있다. 이 때문에 사람들은 음반에서 나오는 소리의 품질이 우수하며 베를리너의 그래머폰이 훌륭한 기계이라고 믿었던 것이다.

베를리너의 그래머폰에 사용된 음반. 1897년 9월 도장이 찍혀 있다.

1890년대가 되면서 세 개의 기업이 미국의 축음기 산업을 장악하기 시작했다. 내셔널축음기회사National Gramophone Company, 콜롬비아축음기회사Columbia Graphophone Company, 빅터토킹머신회사Victor Talking Machine Company였다. 내셔널축음기회사는 에디슨이 설립한 기업으로 포노그래프와 같은 원통형 축음기에 집중했던 반면, 콜롬비아축음기회사와 빅터토킹머신회사는 베를리너의 그래머폰과 같은 원반형 축음기를 생산했다. 당시의 소비자들은 원반형 축음기의 손을 들어주었다. 음질이 조금 나쁘더라도 동일한 음성을 반복해서 들을 수 있는 원반형 축음기가 시장을 지배했던 것이다. 결국 에디슨도 1912년에 원통형을 포기하고 원반형으로 전환하는 길을 택했다.

20세기에 들어와 축음기는 음악의 대량생산과 대중 소비를 선도했다. 축음기 덕분에 음악은 시간과 공간의 제약을 극복할 수 있었다 교향악단이나 극장이 상대하는 관객의 수는 축음기를 사용하는 대중의 규모에 비할 바가 되지 못했다. 특히 빅터토킹머신회사는 이탈리아의 엔리코 카루소Enrico Caruso나 독일 출신의 제랄딘 파라르Geraldine

유명 가수를 활용한 빅터토
킹머신회사의 축음기 광고.
왼쪽은 카루소. 오른쪽은 파
라르를 모델로 삼은 것이다.

Farrar와 같은 유명 가수를 내세워 축음기를 대대적으로 선전했다. 당시에 카루소는 하나의 음반 타이틀로 100만 장 이상의 판매를 기록하기도 했다.

축음기에 관한 기술은 혁신에 혁신을 거듭했다. 1925년에는 전기 픽업으로 레코드를 돌리고 확성기로 신호를 증폭하는 축음기가 등장했다. 이어서 1937년에는 두 개의 마이크로폰과 스피커를 이용한 스테레오 녹음 기술이 발명되었다. 1946년에는 회전 속도가 분당 33.3회이고 지름이 30센티미터인 LP판long playing recorder이 개발되었고 1949년에는 분당 45회전하는 약 18센티미터짜리 EP판extended playing recorder이 등장했다. 네 개의 스피커를 사용하는 4채널 방식은 1971년에 시작되었고, 디지털 방식의 저장 매체인 CDcompact disc는 1982년에 처음 출시되었다.

사진기

camera

**버튼만 누르면 끝나는
코닥 카메라**

사진술은 1839년에 루이 다게르가 은판 사진술을 완성한 이후에 지속적으로 발전해왔다. 조지 이스트먼은 1879년에 우수한 젤라틴 건판을 발명했고, 1881년에는 롤필름 시스템을 개발했다. 그의 가장 중요한 업적은 1888년에 "버튼만 누르면 됩니다"라는 카피와 함께 출시된 코닥 카메라였다. 이를 통해 이스트먼은 누구나 쉽게 사용할 수 있는 대중용 카메라 시장을 창출했다. 이어 1889년에는 감광성 셀룰로이드 필름이 개발되었고, 1900년에는 1달러짜리 브라우니 카메라가 출시되었다.

기술의 개발 못지않게 기술의 상업화 혹은 사업화도 중요하다. 아무리 좋은 기술이 개발된다 하더라도 팔리지 않으면 소용이 없다. 어떤 경우에는 기존의 시장을 넘어 새로운 시장을 창출해야 한다. 1888년에 "버튼만 누르면 됩니다"라는 문구와 함께 출시된 코닥 카메라는 이러한 점을 잘 보여준다. 코닥 카메라는 누구나 쉽게 사용할 수 있는 대중용 카메라를 처음 만들고 이 제품의 시장을 새롭게 창출했다. 코닥 카메라의 개발과 판매를 주도한 인물은 미국의 발명가이자 사업가인 조지 이스트먼George Eastman이다.

The Kodak Camera

"You press the button, we do the rest."

OR YOU CAN DO IT YOURSELF.

The only camera that anybody can use without instructions. As convenient to carry as an ordinary field glass World-wide success.

The Kodak is for sale by all Photo stock dealers.
Send for the Primer, free.

The Eastman Dry Plate & Film Co.

Price, $25.00 — Loaded for 100 Pictures.   ROCHESTER, N. Y.
Re-loading, $2.00.

1888년에 출시된 코닥 카메라의 광고

사진의 선구자들

|

현대적인 의미의 사진술은 프랑스의 화가 루이 다게르Louis Da-
guerre에 의해 모습을 드러내기 시작했다. 그는 약 10년 동안의 실험을
바탕으로 1839년에 은판 사진술 혹은 다게레오타입daguerreotype으로
불리는 사진술을 완성했다. 동판에 요오드 증기를 쏘여 만든 감광판
으로 사진을 촬영하고, 그 감광판을 수은 증기에 쏘여 상이 눈에 보일
수 있도록 현상한 후 소금 용액으로 요오드화은을 동판에서 제거하는
방법이었다. 1839년 8월 19일 프랑스의 과학아카데미와 미술아카데
미는 합동 회의를 개최하여 다게르의 사진술을 공개했다. 그날은 '사
진의 탄생일'로 알려져 있다.[48]

그러나 다게레오타입으로는 실제의 대상물에 대해서만 상을 만들
수 있었기 때문에 한 번의 촬영으로 한 장의 사진밖에 얻을 수 없었
다. 이러한 한계는 1841년에 영국의 과학자 헨리 탤벗Henry Fox Talbot이
돌파했다. 그는 종이 위에 요오드화은과 같은 감광물질을 바르고 촬
영하여 현상한 뒤, 다시 같은 감광지에 인화함으로써 하나의 사진을
여러 장으로 복제하는 데 성공했다. 이와 함께 그는 먼저 음화negative
image를 만든 후에 그것을 인화하면서
양화positive image로 바꾸는 현대적 사
진 공정을 채택했다. 이러한 방법은
칼로타입calotype 혹은 탤벗타입talbotype
으로 불리는데, 이미지의 선명도에서
는 다게레오타입에 미치지 못했다.

사진의 탄생을 알린 다게레오타입의 카메라

사진술은 19세기 후반에 들어와 더욱 발전했다. 1851년에 영국의 조각가 프레드릭 아처Frederick Archer는 습판 사진술 혹은 콜로디온 법collodion process을 개발했다. 유리판에 콜로디온이라는 접착제를 바른 뒤 마르기 전에 촬영과 현상을 하는 방법이었다. 습판 사진술은 다게레오타입의 선명도와 칼로타입의 복제성을 겸비한 것으로 오랫동안 사진술의 주류로 군림했다. 이어 1871년에는 영국의 사진사 리처드 매독스Richard L. Maddox가 건판 사진술 혹은 젤라틴 법gelatin process을 시도했다. 유리판에 젤라틴을 발라 말린 후 사진을 찍는 방법이었다. 초기의 건판 사진술은 습판 사진술보다 감도가 떨어져 널리 활용되지 못했다.

롤 형태로 말리는 필름의 등장

이스트먼의 원래 직업은 은행원이었다. 미국의 로체스터 저축은행에 근무할 때인 1877년부터 사진에 관심을 가졌던 그는 값비싼 사진 장비도 구입하고 사진사가 되기 위한 교습도 받았다. 요즘 같으면 가벼운 카메라 한 대만 있으면 사진을 찍고 보는 데 별다른 문제가 없지만, 19세기 중반만 해도 카메라가 크고 무거웠을 뿐 아니라 스스로 사진을 현상하고 인화해야 했다. 이런 방식에 큰 불편을 느낀 이스트먼은 사진을 쉽게 찍을 수 있는 방법에 도전했다. 그는 1878년 2월부터 「영국 사진 저널」을 구독하면서 사진술에 대한 최신 정보를 수집하기 시작했다.[49]

이스트먼은 사진술의 흐름이 습판 사진술에서 건판 사진술로 바뀔 것이라고 확신했다. 건판은 습판과 달리 현장에서 바로 현상하지 않아도 되는 장점이 있었기 때문이었다. 이스트먼은 영국에서 젤라틴 건판이 개발되었다는 소식을 듣고 이 건판을 개량하는 작업에 착수했다. 낮에는 은행에서 일하고 밤에는 실험하는 생활을 계속한 끝에 그는 1879년에 성능이 뛰어난 젤라틴 건판을 만들어 특허를 받았다. 이어서 1881년에는 이스트먼건판회사Eastman Dry Plate Company를 설립했다.

이스트먼은 건판에 안주하지 않았다. 건판에는 여전히 단점이 있었는데, 깨지기 쉽고 무거울 뿐 아니라 필름을 인화하고 현상하는 데 많은 비용이 들었던 것이다. 이스트먼은 롤 형태로 말아서 다닐 수 있는 필름에 주목했다. 롤필름은 이미 1875년에 폴란드 출신의 사진사인 레온 바르네르크Leon Warnerke가 개발했지만 아직 초보적인 수준에 머물러 있었다. 이스트먼은 롤필름의 사용에 필요한 모든 요소들을 개발하여 그것을 시스템으로 통합하려는 계획을 세웠다.

1924년 3월 31일자 「타임」의 표지 인물로 선정된 이스트먼

1884년 1월에 이스트먼은 윌리엄 워커William H. Walker를 고용해 롤필름 시스템을 개발하기 시작했다. 워커는 롤 홀더의 설계를 담당했고, 이스트먼은 롤필름의 개발과 필름 생산기계의 설계를 맡았다. 이스트먼과 워

커는 1884년 9월에 롤필름 시스템의 기본적인 요소를 모두 개발한 뒤 이에 대한 특허를 받았고, 같은 해 10월에 이스트먼건판필름회사 Eastman Dry Plate and Film Company를 설립했다.

1885년 영국 런던에서 열린 박람회에서 이스트먼의 롤필름 카메라는 사진 부문 최고상을 받았다. 그러나 전문 사진사들의 반응은 냉담했다. 필름의 재료인 종이가 알갱이로 뭉쳐져 완성된 사진에 남아 있었기 때문이었다. 그들은 차라리 무거운 유리 감광판을 사용하는 편이 낫겠다는 반응을 보였다.

보통 사람을 겨냥한 코닥 카메라

|

롤필름 카메라가 실패작이라는 점을 인정한 이스트먼은 전문가가 아닌 일반인을 대상으로 하는 카메라를 개발해야겠다고 생각했다.

"필름 사진술의 개발을 계획했을 때 우리는 유리판을 사용하던 사진가들이 필름으로 바꿀 거라고 기대했다. 그러나 우리는 필름으로 전환한 사람들의 수가 상대적으로 적다는 사실을 알게 되었고, 사업을 크게 키우기 위해서는 일반 대중에게 접근해 새로운 고객층을 창출해야 한다는 사실을 깨달았다."

이스트먼은 회사 직원들과 함께 대중용 카메라를 만드는 데 온 힘을 쏟았다. 먼저 롤필름을 원통에 감아 빛이 들어오지 않는 작은 상자에 넣었고, 상자 안에서 필름을 돌려 풀어낼 수 있도록 손잡이를 달았다. 그다음 상자의 바깥쪽에는 작은 렌즈를 달았고, 노출 수치를 읽을 수 있도록 작은 적색 창도 만들었다. 이러한 노력을 바탕으로 1888년 6월에 코닥 카메라가 출시되었다. 제품 케이스를 포함해 길이 16.5센티미터, 폭 8.25센티미터, 높이 9.25센티미터에 불과한 조그만 카메라였다.

코닥 카메라의 가격은 100장짜리 필름을 포함해서 25달러였다. 필름을 모두 사용한 다음에 이스트먼 회사에 보내면 그곳에서 현상과 인화를 해주었다. 사진이 완성되면 다시 카메라에 100장짜리 필름을 장착한 후 10달러를 받고 주인에게 돌려주었다. 이스트먼은 다음과 같은 문구로 코닥 카메라를 홍보했다.

"버튼만 누르면 됩니다. 나머지는 우리가 알아서 합니다You Press the Button, We Do the Rest."

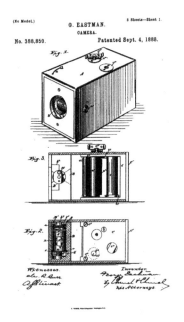

1888년에 받은 코닥 카메라의 특허

이스트먼은 코닥 카메라라는 제품은 물론 촬영 이후 인화까지 서비스하는 방법도 개발했던 셈이다.

이스트먼의 생각은 적중했고 코닥 카메라는 큰 성공을 거두었다. 일반인도 사용할 수 있는 작고 가벼운 카메라가 탄생한 것이다. 이제 지저분한 화학약품을 혼합할 필요도 없었고 무거운 유리판을 들고 다닐 필요 없었다. 전국 각지의 상인들은 코닥 카메라를 자신의 가게에 쌓아

놓기 시작했다. 1888년 12월에 미국사진사협회는 코닥 카메라를 '올해 최고의 발명품'으로 선정했다. 1888년은 대중을 위한 사진술이 발명된 해로 여겨지고 있다.

계속되는 카메라의 혁신

1889년에 이스트먼은 헨리 라이헨바흐Henry Reichenbach와 함께 감광성 셀룰로이드 필름을 개발해 기존의 종이 필름을 대체했다. 이 필름은 이스트먼이 "전화와도 바꾸지 않겠다"고 공언할 정도로 품질이 우수했다. 1890년에는 로체스터에 코닥 공단이 착공되었고, 1892년에는 이스트먼코닥회사Eastman Kodak Company가 설립되었다. 1895년에는 포켓용 코닥 카메라가, 1897년에는 접는 포켓 카메라가 잇달아 출시되었다.

1900년에 이스트먼코닥회사는 브라우니 카메라를 출시했다. 6장짜리 필름이 장착된 1달러짜리 카메라였다. 판매 방식은 코닥 카메라와 동일했고 필름을 교체할 경우에는 15센트가 소요되었다. 브라우니는 순식간에 히트 상품으로 떠올라 수백만 명의 사람들을 사진사로 만들었다. 1901년에 이스트먼코닥회사는 전 세계에서 판매되는 필름의 80퍼센트 이상을 점유했다.

에디슨의 조수로 일하고 있던 윌리엄 딕슨William Dickson도 브라우니 카메라를 구입했다. 그가 관심 있었던 것은 저렴한 카메라가 아니라 제대로 된 필름이었다. 당시에 에디슨은 자신이 설계한 활동사진용 카메라, 즉 키네토스코프kinetoscope에 필요한 필름을 찾던 중이었는데, 이스트먼코닥회사의 필름은 60센티미터 이상의 길이를 말아 감아도 끊어지지 않을 정도로 탄력이 있고 강했다.

1910년대가 되자 코닥이 필름과 카메라의 대명사가 될 정도로 이스트먼코닥회사의 명성은 확고해졌다. 당시에 회사는 파란 줄무늬 원피스를 입은 '미시즈 코닥Mrs. Kodak' 혹은 '코닥 걸Kodak Girl'이라는 캐릭터를 광고에 내세웠다. 카메라가 전문가의 전유물이 아니라는 점을 다시 한 번 각인시키려는 목적이었다. 이스트먼은 회사의 수익금을 직원들에게 나누어주고 로체스터 대학교와 MIT에 많은 기부를 하면서 미국 사회에서 매우 존경받는 기업가가 되었다. 하지만 그는 이러한 영광을 뒤로 한 채 1932년에 권총 자살이라는 길을 택했다. 이스

1900년에 출시된 브라우니 카메라의 광고　　　1911년에 게재된 '코닥 걸' 캐릭터를 활용한 광고

트먼은 "친구들이여, 나의 일은 모두 끝났네. 무엇을 더 기다리겠는가?To my friends: my work is done. Why wait?"라는 유언을 남겼다.

이스트먼이 세상을 떠난 후에도 카메라의 혁신은 계속되었다. 초기의 사진은 모두 흑백이었지만, 1970년대부터는 컬러사진이 보편화되기 시작했다. 우리에게 '디카'로 친숙한 디지털카메라는 1975년에 처음 등장한 후 1990년대 말부터 급속히 보급되었다. 그러나 당시만 해도 휴대폰으로 사진을 찍고 보내는 오늘날의 모습을 상상하지는 못했을 것이다.[50]

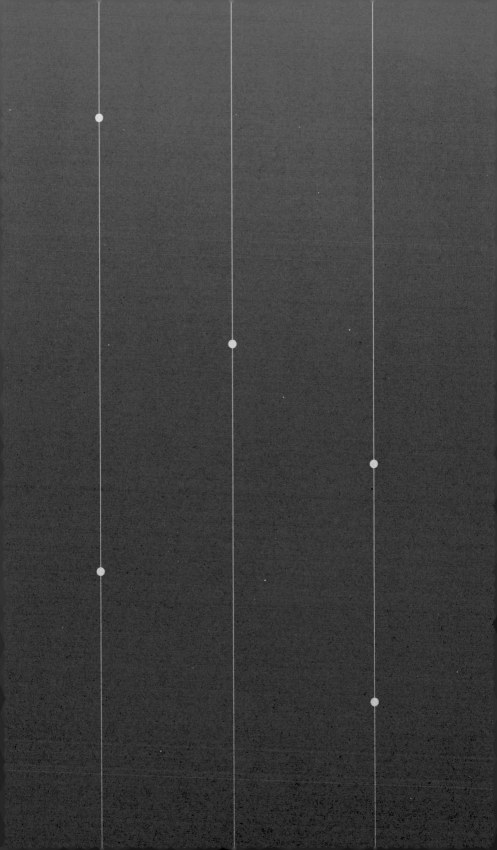

영화

cinema

**뇌의 잔상 효과에서 착안한
활동사진**

19세기 후반, 사진을 연속적으로 찍는 방법의
탐구는 영화의 탄생을 예고했다. 에디슨과
딕슨은 1891년에 상자에 난 작은 구멍을 통해
짧은 영상을 볼 수 있는 '키네토스코프'를 발명했고,
그로부터 3년 후 에디슨제작사를 설립해 영화
사업을 시작했다. 1895년에는 뤼미에르 형제가
'시네마토그래프'를 개발한 후 세계 최초의 대중적인
영화인 「라 시오타 역으로 들어오는 기차」를
상영했다. 20세기에 들어와 영화는 다수의 관객을
동원하는 거대한 산업으로 발전했다. 그러나
영화를 처음 만든 에디슨은 대중적이고 오락적인
영화보다는 교육과 과학에 대한 영화를 고집했고,
결국 영화 사업에서 실패하고 말았다.

★

영화映畫를 글자 그대로 풀이하면 '영상(이미지)으로 만들어진 그림'이라고 할 수 있다. 오늘날 영화는 단순한 취미를 넘어 우리 생활의 일부로 자리 잡고 있다. 세계적으로는 하루에 수백만 명의 사람들이 영화를 보고 있고, 우리나라의 경우에도 천만 관객을 돌파한 영화가 속속 등장하고 있다. 영화관이 아니라 인터넷을 통해 PC나 스마트폰으로 영화를 관람하는 사람들도 많다. 그렇다면 영화는 어떤 과정을 통해 탄생했을까?[51]

영화의 기원을 찾아서

인간의 두뇌는 눈이 실제로 보는 것보다 사물의 상을 약간 더 오래 보존한다. 이러한 현상을 '잔상殘像 afterimage'이라고 한다. 잔상에 관한 과학적 연구는 1824년에 영국의 의사인 피터 로젯Peter M. Roget이 처음 시도한 것으로 전해진다. 그 후 잔상 효과를 이용한 장난감이 속속 등장했는데, '소마트로프thaumatrope'라는 회전그림판과 활동요지경으로 번역되는 '조이트로프zoetrope'가 그 대표적인 예이다. 회전그림판은 원판의 한쪽 면에 새를 그리고 반대쪽 면에 새장을 그린 것인데 빠른 속도로 돌리면 새가 새장 속에 갇힌 것처럼 보인다. 활동요지경은 회전하는 원통에 나 있는 구멍으로 띠 위에 그려진 일련의 그림들을 보면 마치 그림이 움직이는 것처럼 보이는 장치이다.

19세기 후반에는 몇몇 사진가와 과학자를 중심으로 사진을 연속적으로 찍는 방법이 탐구되었다. 영국 출신의 사진가인 에드워드 마이브리지Eadweard Muybridge는 1878년에 미국 캘리포니아 주의 팔로알토에서 12대 혹은 24대의 사진기를 30센티미터 간격으로 늘어놓은 다음, 달리는 말을 사진으로 찍었다. 가슴 높이에 설치한 가느다란 실을 말이 차례로 건드리면서 지나가는 순간 사진기의 셔터가 열리는 방식이었다. 마이브리지는 촬영한 사진을 회전하는 유리 원반 둘레에 올려놓고, 그것을 영사해서 말이 달리는 모습을 보여주었다.

1882년에는 프랑스의 생리학자인 에티엔 쥘 마레Étienne-Jules Marey가 동물의 움직임을 포착하기 위해 총 모양의 사진기인 '크로노포토그래픽 건chronophotographic gun'을 개발했다. 이 사진기로 동물을 겨냥하고

마이브리지가 1878년에 말의 움직임을 연속적으로 촬영한 사진

방아쇠를 당기면 총알이 나가는 대신 필름이 회전하면서 1초에 12장의 사진이 찍혔다. 마이브리지와 마레는 금세 의기투합했다. 마이브리지는 예술적 태도로 마레에게 감명을 주었고, 마레는 과학적 방식으로 마이브리지에게 영향을 끼쳤다. 두 사람이 연속촬영 분야의 발전을 이끌면서 바야흐로 '활동사진motion picture'의 시대가 열리기 시작했다.

키네토스코프로 개척한 영화 시장

|

활동사진을 현실화한 사람은 토머스 에디슨과 윌리엄 딕슨Wil-liam Dickson이다. 1888년에 에디슨은 우연한 기회에 마이브리지를 만났으며, 이를 계기로 자신의 축음기를 보조할 수 있는 기술로 활동사진에 주목했다. 에디슨은 영국인 조수인 딕슨과 함께 영상을 녹화할 수 있는 장치와 녹화된 영상을 재생시킬 수 있는 장치를 연구하기 시작했다.

딕슨과 에디슨은 지속적인 실험을 바탕으로 1891년에 '키네토그래프kinetograph'라는 활동사진 촬영기와 '키네토스코프kinetoscope'라는 활동사진 영사기를 발명할 수 있었다. 키네토그래프는 게이트를 통해 필름을 단속적으로 움직이면서 일련의 사진을 찍는 장치였다. 키네토스코프는 나무로 만든 상자 안에 전기모터를 장착해놓고 그 주변에 필름을 돌돌 감아놓은 것이었다. 모터가 회전하면 필름이 한쪽 방향으로 진행하면서 확대경을 통과하도록 되어 있었고, 상자에 나 있는

키네토스코프를 통해 영화를 보는 모습

조그만 구멍을 통해 상자 위쪽에 맺힌 영상을 감상할 수 있었다. 키네토스코프는 1893년에 열린 시카고 만국박람회에 출품되어 상당한 인기를 누리기도 했다.

하지만 당시에는 영화 시장이 거의 형성되어 있지 않았다. 에디슨은 영화의 수요까지 창출하기로 마음먹고 키네토스코프에 사용될 필름을 준비하기 시작했다.[52] 그는 1893년에 세계 최초의 영화 스튜디오라고 할 수 있는 '검은 마리아Black Maria'를 차렸고, 이듬해에는 영화 사업을 담당하는 에디슨제작사Edison Manufacturing Company를 설립했다. 1894년 한 해 동안 75편이 넘는 단편영화를 제작한 에디슨제작사는 한 편당 25센트의 관람료를 받고 영업을 시작했다. 에디슨의 극장에서 영화를 본 사람들은 하나같이 입을 다물 수 없을 정도로 감탄했고 에디슨의 영화 사업은 앞날이 매우 밝은 듯이 보였다.

뤼미에르 형제의 시네마토그래프

키네토스코프는 미국은 물론 유럽에서도 큰 인기를 누렸다. 1894년 파리에서는 키네토스코프로 활동사진을 보기 위해 관람객들이 줄을 서서 기다리는 진풍경이 벌어졌다. 그중에는 아버지와 함께 사진업에 종사했던 뤼미에르 형제도 있었다. 형인 오귀스트 뤼미에르Auguste Lumière는 당시의 상황을 이렇게 회고했다.

"기계 속에서 행진하는 작은 활동사진들을 보고 나는 홀딱 반했다. 만약 이 사진들을 대형 화면 위에 비추어 많은 사람들이 한꺼번에 본다면 얼마나 대단할까 하고 나는 상상했다. 그리고 즉시 이 문제에 매달리기로 결심했다."

오귀스트는 석 달 동안 연구를 거듭한 끝에 그럴듯한 구동장치를 만들었다. 그러나 이 장치는 필름을 끌어당기기만 할 뿐 사진을 찍거나 영사를 하는 순간에 멈추는 기능이 충분하지 못했다. 그때 동생인 루이 뤼미에르Louis Lumière가 재봉틀을 보고 새로운 아이디어를 얻었다. 재봉틀을 돌리는 노루발을 보고, 필름을 일정하게 돌릴 수 있는 방법을 떠올린 것이다.

"회전하는 바퀴와 한 쌍의 쐐기가 작은 갈고리들을 움직이게 하면, 그 갈고리들이 필름에 뚫린 구멍들에 꼭 들어맞아 필름을 끌고 가다가 풀어준다. 그리고 갈고리들이 원래의 출발 위치로 돌아가는 동안 필름은 정지 상태에 놓이고 그 사이에 사진을 찍거나 영사를 할 수 있다."

이러한 아이디어를 바탕으로 루이는 '시네마토그래프cinématographe'라는 기계를 제작했다. 카메라인 동시에 영사기인 이 장치는 초당 16장의 속도로 각각의 사진이 화면에 비춰지도록 설계되었다. 1895년 2월 13일에 뤼미에르 형제의 이름으로 시네마토그래프에 대한 특허도 등록되었다. 영화를 뜻하는 시네마cinema라는 용어도 시네마토그래프

Le cinématographe Lumière: projection.
시네마토그래프를 작동시키는 모습

에서 비롯된 것이다.

시네마토그래프는 키네토스코프를 넘어섰다. 키네토스코프는 작은 구멍을 통해 순간적인 영상을 들여다보는 정도에 머물렀지만, 시네마토그래프는 필름을 연속적으로 영사하여 스크린을 통해 볼 수 있었다. 또한 키네토스코프는 웬만한 방 하나는 가득 채울 정도의 크기라서 야외촬영은 엄두도 낼 수 없었다. 이에 반해 시네마토그래프는 이동이 가능한 크기였고, 전기가 없어도 수동으로 작동시킬 수 있어서 야외촬영에도 적합했다. 결정적으로 키네토스코프로는 한 사람씩 영상을 들여다보는 방식인 반면, 시네마토그래프는 많은 대중이 함께 영화를 관람할 수 있다는 점이 달랐다.

세계 최초의 대중영화 상영

1895년 3월 19일 뤼미에르 형제는 시네마토그래프로 「리옹의 뤼미에르 공장을 나서는 노동자들Sortie des Usines Lumière àLyon」을 제작했다. 이어서 아홉 편의 활동사진을 추가로 제작한 후 1895년 6월 11일 리옹에서 열린 사진가 회의에서 상영했다. 전문가 집단이 호의적인 반응을 보이자 뤼미에르 형제는 대중을 상대로 한 행사를 계획했다. 장소는 파리의 카퓌신 가에 있는 그랑 카페Grand Café의 지하실로 정해졌다. 당시에 뤼미에르 형제의 아버지가 건물 주인에게 총 관람료의 20퍼센트를 주겠다고 제안했지만, 건물 주인은 그 제안을 거절하면서 하루에 30프랑씩 지불하라고 했다. 그는 나중에 자신의 판단을 크게 후회했다.

세계 최초의 대중적인 영화는 1895년 12월 28일 오후 9시에 상영되었다. 그것이 바로 「라 시오타 역으로 들어오는 기차L'Arrivée d'un train en gare de La Ciotat」인데, "기차의 도착"으로 알려져 있다. 상영 시간은 3분, 입장료는 1프랑, 관객은 33명이었다. 첫날에 올린 수입은 33프랑에 불과했지만 3주 뒤에는 하루 수입이 2,000프랑을 넘어섰다. 1895년 12월 28일은 '영화의 탄생일'로 불린다.

관람객 중에는 당시의 유명한 마술사로 훗날 영화 제작에 뛰어든 조르주 멜리에스Georges Méliès도 있었다. 그는 이 영화를 본 소감을 이렇게 표현했다.

"다른 관객과 함께 나는 자그마한 화면을 바라보고 있었지요. 잠시 후 리옹에 있는 벨쿠르 광장의 정지 영상이 나타났어요. 나는 옆 사람에게 이렇게 속삭였습니다. '설마 저런 사진을 보여주려고 우

뤼미에르 형제의 시네마토그래프에 관한 초기 광고

세계 최초의 대중 영화로 평가되고 있는 「라 시오타 역으로 들어오는 기차」의 한 장면

릴 이곳에 오게 하지는 않았겠죠. 저런 사진은 나도 10년 이상 찍어
왔어요.' 그때 말이 짐수레를 끌며 우리 앞으로 다가오기 시작했고,
뒤를 이어 기차와 사람들이 오는 것을 보고 나는 입을 다물었습니다.
곧 거리 전체가 살아 움직였어요. 우리는 모두 깜짝 놀라 입을 벌린
채 거기에 앉아 있었지요."

　1900년은 뤼미에르 형제에게 전환의 해였다. 그해 파리에서는 세
계박람회가 열렸는데, 뤼미에르 형제는 초대형 스크린에 영화를 상
영하는 행사로 사람들의 주목을 받았다. 그러나 그것을 끝으로 뤼미
에르 형제는 영화 사업에서 물러났다. 루이는 영화에서 사진으로 다
시 돌아와 1904년에 '뤼미에르 오토크롬Lumière autochrome'이라는 컬러
사진용 건판을 발명했다. 오귀스트는 결핵과 암을 연구하는 데 일생
을 보냈으며, 1928년에 『인생, 질병 그리고 죽음La vie, la maladie et la mort』

이라는 책을 펴내기도 했다. 뤼미에르 형제는 1909년에 영화를 발명한 공로로 미국의 프랭클린연구소가 수여하는 엘리엇크레슨메달Elliott Cresson Medal을 받았다.

영화 사업에 실패한 에디슨
|

19세기가 저물 무렵, 영화는 다수의 관객을 동원하는 거대한 산업으로 발전했다. 미국의 여러 지역에서는 5센트만 내면 영화를 관람할 수 있는 극장들이 번창했다. '5센트 극장nickelodeons'은 대중들이 흥미를 가질 만한 영화를 만들고 스타를 키우는 일이나 화면을 크게 만드는 일에 과감히 투자했다.

이에 반해 에디슨은 오락적인 영화보다는 교육이나 과학과 관련된 영화를 제작했고, 스타 배우나 화면에 주의를 기울이는 대신 영사기

1910년에 「마페킹의 헤로인The Heroine of Mafeking」 등을 상영한 '5센트 극장'의 모습. 마페킹은 남아프리카공화국에 있는 도시이다.

의 성능을 개선하는 데 몰두했다. 그는 과학의 기본적 원리를 다룬 영화를 제작하면서 미국의 청소년들을 위해 "과학이 산업과 일상생활의 문제에 미치는 영향을 보여주고자 한다"고 술회한 바 있다. 심지어 그는 5센트 극장에서 상영되는 영화들이 선정적이고 폭력적이라고 비판하면서 검열 제도를 적극적으로 지지했다. 이러한 사업 전략은 점점 소비자의 기호와 멀어지는 결과를 가져왔고 에디슨은 결국 영화를 발명했지만 영화 사업에서는 실패한 사람이 되었다.[53]

20세기에 들어와 영화는 지속적으로 발전했다. 초창기 영화는 무성영화였지만 1927년부터 유성영화가 시작되었고 1935년에는 컬러 영화가 상영되었다. 1939년에 처음 개봉된 「바람과 함께 사라지다」는 할리우드 블록버스터의 전범이 되었다. 1950년대 이후에는 영화 산업이 거대한 엔터테인먼트 산업으로 변모했으며 1970년대에는 생동감 있는 특수 효과를 내기 위해 컴퓨터가 사용되기 시작했다.

세탁기

washing machine

**가사 기술은
주부의 노동을 줄였는가**

기계식 세탁기가 처음 등장한 것은 늦어도 18세기
중반쯤이다. 현대적인 개념의 세탁기는 19세기
중엽에 탄생했으며, 20세기 초에는 선진국의
중산층 가정에 세탁기가 보급되기 시작했다.
오랫동안 세탁기는 여성을 가사 노동에서
해방시킨 주역으로 평가되어 왔지만, 이에 대한
자세한 연구 결과는 세탁기를 매개로 여성의 가사
노동 총량이 오히려 늘어났다는 점을 보여주고
있다. 줄어든 것은 남성과 자녀의 가사 노동이었고,
새로운 가사 기술의 등장과 함께 여성의 가사 노동
에는 새로운 의무들이 생겨났다.

★

산업화의 상징인 기계는 20세기에 들어와 가정에서도 널리 사용되기 시작했다. 대표적인 예로는 세탁기, 냉장고, 진공청소기 등의 가전제품을 들 수 있다. 가전제품의 확산을 배경으로 가정의 경제적, 사회적 구조도 변화했는데, 이러한 현상은 공장에서의 산업혁명에 견주어 '가정에서의 산업혁명industrial revolution in home'으로 불리기도 한다. 그렇다면 가정에서의 산업혁명은 가사 노동에 어떤 영향을 미쳤을까? 새로운 가사 기술이 여성의 노동을 줄였다는 것이 일반적인 생각인데 그것은 과연 사실일까? 더 나아가 당시의 여성은 자신이 사용하는 기술에 어떤 의미를 부여했을까?[54]

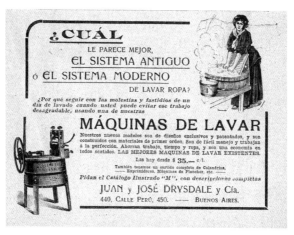

1876년에 아르헨티나의 한 잡지에 실린 광고로 손빨래와 세탁기를 대비시키고 있다.

인류와 함께 한 세탁

세탁의 역사는 매우 오래되었다. 옷을 입는 것과 빨래를 하는 것은 분리할 수 없는 일이기 때문이다. 기원전 1900년경에 그려진 것으로 밝혀진 어느 고대 이집트 벽화에는 강가에서 빨래를 두들겨 빨거나 긴 막대에 빨래를 꿰어 비틀어 짜고 있는 광경이 묘사되어 있다. 로마에서는 빨래를 전문으로 하는 사람들이 등장했고, 귀족들이 세탁을 담당하는 노예를 고용하기도 했다.

세탁을 보조하는 전통적인 도구로는 빨래방망이와 빨래판을 들 수 있다. 빨래방망이와 빨래판이 언제 처음 등장했는지는 분명하지 않다. 빨래방망이는 강가의 바위 위에서 옷을 두드려 빠는 것에서 시작되었고, 빨래판은 물을 길어오거나 우물을 사용하여 빨래를 하는 과정에서 등장한 것으로 보인다. 빨래판의 재질은 나무에서 금속으로, 나중에는 플라스틱으로 변해왔는데, 최초의 금속 빨래판은 미국의 발명가 스티븐 러스트Stephen Rust가 1833년에 발명한 것으로 전해진다. 아직까지도 빨래판이 세탁기보다 더욱 효과적이라는 견해도 있다.

아내의 생일 선물로 만든 세탁기

기계식 세탁기는 늦어도 18세기 중반에 탄생한 것으로 알려져 있다. 예를 들어 영국의「젠틀맨 매거진」1752년 1월호는 세탁기에 대한 설계도를 선보였고, 독일에서는 1767년에 제이콥 셰퍼Jacob

Christian Schäffer가 세탁기의 설계도가 담긴 책자를 발간했다. 이어 1797년에는 나다니엘 브릭스Nathaniel Briggs가 미국에서 세탁기에 대한 특허를 처음 받았다. 브릭스의 세탁기 안에는 빨래판이 들어 있었는데, 빨래판 위에서 세탁물, 물, 비누가 섞이면서 오물이 떨어지도록 설계되었다.

빨래판 없이 작동되는 현대적인 세탁기는 19세기 중반 미국에서 발명되었다. 1851년에 제임스 킹James King은 드럼을 사용하는 세탁기를 처음 발명했고 1858년에 해밀턴 스미스Hamilton Smith는 회전식 세탁기로 특허를 받았다. 이어 1874년에 윌리엄 블랙스톤William Blackstone이 아내의 생일 선물로 만든 세탁기는 가정에서 사용할 수 있는 최초의 세탁기로 평가된다. 아내가 좋은 반응을 보이자 블랙스톤은 곧바로 세탁기 사업에 뛰어들었다.

세탁기를 홍보하는 데에는 박람회가 널리 활용되었다. 예를 들어 1876년에 마거릿 콜빈Margaret Colvin은 새로운 모델의 회전식 세탁기를 개발한 후 필라델피아에서 열린 박람회에 출품했다. 이 세탁기는 단 5분 만에 남성용 셔츠 20장을 깨끗하게 세탁하는 위력을 보여주었다.

19세기 말에 상당한 인기를 누린 세탁기 '여성의 친구'

이를 계기로 가정용 세탁기에 대한 수요가 현실화되기 시작했는데, 당시에 주로 보급된 것은 크랭크를 돌리는 수동식 세탁기였다. 1890년경에는 '여성의 친구Woman's Friend'라는 상표를 달고 나온 세탁기가 시판되어 상당한 인기를 누리기도 했다.

세탁기의 확산과 혁신

20세기에 들어서는 전기 서비스의 확산을 배경으로 기계식 세탁기가 전기식 세탁기로 대체되기 시작했다. 최초의 전기세탁기로는 헐리전기세탁설비회사Hurley Electric Laundry Equipment Company가 1907년에 시판했던 '토르Thor'가 거론된다. 이 세탁기는 알바 피셔Alva J. Fisher의 설계를 바탕으로 제작되었는데, 피셔는 1909년에 전기세탁기에 대한 특허를 출원한 후 1910년에 등록했다. 그러나 최근에는 피셔의 토르를 최초의 전기세탁기로 보는 견해에 의문이 제기되고 있다. 1904년에 이미 전기세탁기의 광고가 게재된 바 있으며, 피셔 이전에도 전기세탁기로 특허를 받은 사람들이 제법 존재했다는 것이다. 누가 전기세탁기를 처음 발명했는지는 아직까지 뚜렷한 결론이 나오지 않고 있다.

어쨌든 20세기 전반에는 세탁기가 다양한 형태로 속속 모습을 드러내는 가운데 선진국의 중산층 가정에서 생활필수품으로 자리 잡기 시작했다. 미국의 경우에는 1928년을 기준으로 약 91만 3,000대의 세탁기가 판매되었다고 한다. 세탁기의 보급은 대공황으로 잠시 위축

되었다가 1930년대에 본격적인 증가세를 보였다. 1941년의 통계에 따르면 미국 가정의 52퍼센트가 세탁기를 보유하고 있었다.

세탁기의 혁신은 계속되었다. 1934년에는 미국 텍사스 주의 포트워스에서 동전을 넣고 사용하는 세탁기가 설치되었고, 1937년에는 벤딕스Bendix Corporation가 완전히 자동화된 세탁기를 개발했다. 이어 1947년에 벤딕스는 앞쪽에 있는 문으로 세탁물을 넣고 빼는 방식인 프런트 로딩 모델front-loading model을 내놓았고, 제네럴일렉트릭General Electric은 문이 위쪽에 달린 탑 로딩 모델top-loading model을 선보였다. 1950년대에는 통을 두 개 설치하여 세탁과 탈수를 분리한 2조식 세탁기가 나왔으며, 1970년대에는 세탁기의 모터 속도를 전자적으로 제어하는 장치가 도입되었다.

최초의 국산 세탁기는 1969년에 금성(현재의 LG전자)이 출시한 것으로 제품명은 '백조(모델명 WP-181)'였다. 당시에 금성은 일본의 히타치와의 기술제휴를 바탕으로 1.8킬로그램급의 2조식 세탁기를 개발했다. 1970년대 중반에는 백조 이외에도 무지개(대한전선), 은하(삼성전자), 백구(신일산업), 비너스(한일전기) 등의 세탁기가 출시되었고, 1980년대 중

벤딕스가 시판한 전자동 세탁기의 초기 모델

1969년에 금성사가 출시했던 백조 세탁기

반에 들어서는 LG전자, 삼성전자, 대우전자(현재의 동부대우전자)의 세탁
기 경쟁이 전개되기 시작했다. 우리나라의 세탁기 보급률은 1975년
에 1퍼센트에 불과했지만 1985년에 26퍼센트를 거쳐 1993년에는 91
퍼센트를 기록했다.

세탁기가 있는데 세탁 시간이 더 늘었다

세탁기의 확산은 가사 노동에 상당한 변화를 가져왔다. "빨래
통에서 세탁기로의 변화는 베틀에서 방직기로의 변화에 못지않게 근
본적인 변화를 가져온 발명"이라는 평가도 있다. 특히 오랫동안 세탁
기는 여성을 가사 노동에서 해방시킨 주역으로 간주되었다. 그 밖에
도 세탁기에는 "가사 노동을 줄여준 기특한 발명품", "육체노동으로
부터 여성을 해방시킨 발명품", "여성의 사회 진출을 가능하게 한 획
기적 발명품" 등과 같은 수식어가 뒤따르고 있다. 세탁기로 인해 가
사 노동이 줄어들었고 여성이 가사 노동에서 해방되면서 사회 진출이
활발해졌다는 논리이다.

반면 여성 경제학자 조안 바넥Joann Vanek은 이와 같은 통념에 의문
을 제기했다. 그녀가 1974년에 발표한 실증 연구의 결과는 커다란 충
격을 던졌다. 1926년부터 1966년까지 40년 동안 미국의 전업주부들
이 가사 노동에 사용한 시간은 주당 51~56시간으로 거의 변화를 보
이지 않았다는 것이다. 도시와 농촌 주부의 가사 노동 시간에 별다른
차이가 없었다는 점도 예상을 뒤엎었다. 가전제품이 보급되는 양상을

"행복한 날"을 표방한 1910년의 세탁기 광고. 세탁기를 사용하면 손빨래로부터 해방되어 시간과 노동력을 줄일 수 있고, 그로 인해 행복한 하루를 누릴 수 있다는 내용이다.

고려한다면 시간이 지날수록 그리고 도시 지역일수록 가사노동 시간이 줄어들어야 마땅해보였기 때문이다.

　가장 의외의 결과는 세탁 작업에 소요되는 시간이 오히려 늘어나는 경향을 보였다는 점이다. 주당 세탁 소요시간이 1920년대에는 5~6시간이었는데 1960년대에는 6~7시간으로 집계된 것이다. 이와 함께 바넥은 세탁 노동과 관련된 기술혁신으로 전기세탁기, 전기다리미, 전자동 세탁기, 자동건조기 등의 사례를 들면서 해당 기술이 보급된 시기와 세탁에 소요된 시간을 비교했는데, 흥미롭게도 전기세탁기와 전자동 세탁기가 보급된 시기에 오히려 세탁 소요시간이 증가했다는 결과를 얻었다. 이에 대해 바넥은 세탁물의 양과 세탁의 횟수가 증가했기 때문일 것으로 추정했다.[55]

『엄마에게 더 많은 일을』

　바넥의 연구에 대해 체계적인 답변을 제시한 사람은 여성 기술사학자인 루스 코완Ruth S. Cowan이었다. 그녀의 견해는 1983년에 발간된 화제작 『엄마에게 더 많은 일을More Work for Mother』에 집대성되어 있다. 이 책에서 코완은 20세기 전반에 진행된 '가정에서의 산업혁명'이 가정주부에게 더 많은 일을 안겨주었다고 주장했다. 물론 이러한 주장은 미국 사회의 중산층 가정을 주된 대상으로 삼았다는 한계가 있기는 했다.

우선 코완은 새로운 가사 기술이 경감시킨 것은 가정주부의 노동이 아니라 남성과 자녀의 노동이었다고 지적했다. 석탄 나르기, 물 운반하기, 장작 패기, 불 지피기, 카펫 청소 등이 그 대표적인 예이다. 이와 함께 코완은 각종 신기술의 출현이 생활 표준의 향상과 결부되면서 주부의 노동량이 더욱 많아졌다고 주장한다. 침대보와 속옷을 더 자주 갈아서 세탁물이 많아졌고, 식생활의 다양화로 요리는 더욱

코완의 『엄마에게 더 많은 일을』은 발간 다음 해에 미국의 기술사학회Society for the History of Technology, SHOT가 주관하는 덱스터 상Dexter prize을 수상했다.

복잡해졌으며, 주부가 자동차를 사용함에 따라 쇼핑과 자녀 등하교라는 새로운 노동이 생겼다는 것이다.

이러한 변화의 배경에는 당시 미국 사회의 급격한 산업화를 배경으로 진전된 노동력 구조의 변화가 자리 잡고 있었다. 새로운 가사 기술의 출현으로 남성은 가사 노동이 줄어드는 가운데 임금노동의 영역에 본격적으로 진입했다. 또한 산업화 이전에 중산층 가정에서 고용했던 하인들 역시 가사 노동보다 더 높은 임금을 받는 공장으로 일자리를 옮겼다. 게다가 이전에 가사 노동을 부분적으로 보완해주었던 세탁업자나 배달업자와 같은 상업적 대리인은 세탁기와 자동차가 보급되면서 점점 자취를 감추었다.

새로운 형태의 가사 노동은 가정주부에 관한 이데올로기적 변화와도 결부되어 있었다. 제1차 세계대전이 지난 후에 미국 사회에서는 가사 노동이 더 이상 허드렛일이 아니라 가족에 대한 사랑의 표현으로 간주되었다. 가족을 진정으로 사랑하는 주부는 가족이 옷의 얼룩 때문에 겪을 무안함으로부터 가족을 보호해야 했다. 가족에게 맛있는 식사를 제공하는 것은 주부의 성실함을 표현하는 방법이 되었고, 욕실 청소는 질병에서 가족을 보호하는 모성 본능을 표현하는 계기가 되었다. 당시의 여성 잡지들은 가정주부가 이렇게 고상한 노동을 제대로 수행하지 않거나 다른 사람에게 맡기는 것을 일종의 '죄'라고 표현했다.

『엄마에게 더 많은 일을』의 끝 부분에서 코완은 "엄마의 일 줄이기 Less Work for Mother"를 제안했다. 흥미롭게도 그녀의 제안은 자신의 일상 경험에서 도출된 것이었다. 한번은 코완이 중병을 앓으면서 남편이 세탁을 맡게 되었다. 그녀가 끈질기게 세탁 작업의 규칙을 가르쳐 주어도 남편은 의류의 색상이나 소재에 관계없이 빨랫감을 섞어 세탁기에 넣었다. 부인의 잔소리가 심해지자 남편은 자신의 방식대로 세탁을 해도 망가진 옷이 하나도 없었다고 항변했다. 이 사건을 계기로 코완은 다음과 같은 결론에 도달했다.

가정주부를 학대하는 규칙은 필요 이상으로 많다. … 현재 우리에게 의미 있는 규칙만을 골라낼 수 있다면, 가사 기술이 우리를 통제하는 대신 우리가 가사 기술을 통제할 수 있을 것이다.

모델 T

model T

**백 년 전 증기, 전기,
가솔린 자동차의 삼파전**

최근 들어 자동차의 미래라며 각광 받는 전기
자동차는 백 년 전에도 존재했다. 20세기 초에는
가솔린 자동차와 증기 자동차, 전기자동차가
삼파전을 벌이고 있었다. 이 경쟁에서 가솔린
자동차가 승리한 결정적인 계기는 포드가 대중용
자동차 시장을 창출했다는 점에서 찾을 수 있다.
세계 최초의 대중용 자동차인 모델 T는 1908년에
출시된 이후 폭발적인 인기를 누렸고, 미국 사회는
1920년대에 자동차 대중화 시대에 돌입했다.
 우리나라에서는 1955년에 최초의 국산 자동차가
등장했고 1975년에는 고유모델 자동차가
생산되었다. 1991년에는 자체 엔진을 개발하면서
독자 모델의 단계로 진입했다.

★

"누가 자동차를 발명했는가?"라는 문제에는 간단명료한 정답이 없
다. 자동차는 하나의 기술이 아니라 복잡한 기술시스템이며, 고정된
기술시스템이 아니라 지속적인 변화를 겪어온 기술시스템이기 때문
이다. 이에 반해 "자동차 대중화의 일등공신은 누구인가?"라는 질문
에는 비교적 쉽게 답할 수 있다. 소수의 부유층을 넘어 일반 대중이
자동차를 구매하기 시작한 것은 미국의 기술자이자 기업가인 헨리 포
드Henry Ford의 역할이 컸다. 포드가 '자동차의 아버지'가 아니라 '자동
차의 왕'으로 평가되는 이유도 여기서 찾을 수 있다.[56]

1921년 모델 T옆에 선 헨리 포드

소규모 동력 기관을 찾아서

|

자동차 개발은 19세기 후반에 소규모 동력 기관이 필요해지면서 시작되었다. 당시의 중소기업가들이나 발명가들은 대규모 증기기관에 비해 가격이 저렴하고 작은 공간을 차지하며 다른 곳으로 이동이 용이한 엔진을 모색했다. 또한 철도가 거미줄처럼 확산되면서 이를 보완할 수 있는 근거리 운송 수단에 대한 요구도 높아졌다. 이러한 배경에서 19세기 말에는 소형 증기기관, 전기모터, 가솔린기관 등과 같은 다양한 엔진들이 꼬리에 꼬리를 물고 등장했다.

20세기 초만 하더라도 가솔린 자동차가 다른 경쟁 상대를 능가할 거라고 장담할 수 있는 사람은 거의 없었다. 미국의 경우를 살펴보면, 1900년에 4,192대의 자동차가 생산되었는데, 그중에서 1,681대는 증기 자동차였고 1,575대는 전기 자동차였으며 나머지 936대만이 가솔린 자동차였다. 증기 자동차가 40.1퍼센트, 전기 자동차가 37.6퍼센트를 차지했던 반면, 가솔린 자동차는 22.3퍼센트에 불과했던 것이다. 이런 사정은 유럽에서도 마찬가지였다. 예를 들어 1905년 독일에서 발간된 『최신 발명품에 관한 책Das Buch der Neuesten Erfindungen』에는

20세기 초에 최고 속도를 자랑했던 유선형 증기자동차 스탠리 스티머Stanley Steamer

"증기 자동차와 전기 자동차 중에서 어느 쪽이 승리할지는 아직 의문"이라고 쓰여 있다.

일장일단을 지닌 세 종류의 자동차

20세기 초까지 가장 열렬한 사랑을 받았던 것은 증기 자동차였다. 당시의 증기기관은 이전과는 달리 규모도 작아졌고, 출력도 향상되었으며, 강철 부속으로 정밀하게 제작되었다. 증기 자동차는 구입비와 유지비가 매우 낮은데다 엔진은 강력해서 어떤 도로 조건에서도 운행할 수 있었다. 특히 스탠리 증기 자동차는 1899년에 최초로 워싱턴 산의 정상에 올랐고, 1906년에는 플로리다 자동차 경주에서 시속 205킬로미터라는 대단한 속도를 선보였다.

그러나 증기 자동차에도 몇몇 약점이 있었다. 증기 자동차는 보일러, 증기기관, 연료, 물 등으로 이루어져서 매우 무거운 기계였다. 또한 증기가 대기로 증발하면 다시 사용할 수 없기 때문에 50킬로미터 정도 달리면 물을 공급해주어야 했다. 더욱 심각한 문제는 시동을 걸기 위해 증기를 발생시키는 데 30분이나 소요된다는 점이었다. 비록 보일러가 개량되어 증기 발생 시간이 지속적으로 단축되긴 했지만 문제가 완전히 해결되지는 않았다.

한편 전기 자동차는 소음과 냄새가 없어서 매우 안락하고 깨끗했다. 구조도 매우 간단해서 운전이 편리하고 유지와 정비도 쉬웠다. 여기에 전기가 가진 현대적 이미지 덕분에 전기 자동차는 대중의 기대

면에서 최우선 순위를 차지했다. 그러나 전기 자동차는 속도가 느렸다. 경사가 가파른 언덕을 오를 수 없었고 구입비와 운행비도 만만치 않았다. 가장 치명적인 약점은 축전의 문제였다. 50킬로미터 정도 달리면 납과 산으로 이루어진 무거운 배터리를 다시 충전해야 했던 것이다. 이런 점 때문에 전기 자동차는 장거리 운행에 적합하지 않았고, 주로 대도시의 백화점이나 세탁소에서 배달 서비스를 위해 사용했다.

그렇다면 초기의 가솔린 자동차는 어땠을까? 한마디로 '불편한' 기계였다. 속도조절장치, 냉각장치, 밸브장치, 기화장치 등이 복잡하게 연결된 가솔린 자동차는 고장이 빈번했고 유지와 정비도 쉽지 않았다. 특히 가솔린 자동차를 가동시키려면 정교한 손동작과 근력이 필요했기 때문에 기계에 일가견이 있는 사람들이 선호했다. 장점을 보자면 가솔린 자동차는 증기 자동차와 마찬가지로 대부분의 언덕을 오를 수 있었고, 증기 자동차보다 효율이 약간 떨어지긴 하지만 매우 빠

1904년 독일에서 전기 자동차를 운행하고 있는 모습

른 속도로 도로를 주행할 수 있었다. 무엇보다 가장 나은 점이라면, 일단 시동을 걸기만 하면 연료의 추가적인 공급 없이도 110킬로미터 넘게 달릴 수 있다는 점이었다.

삼파전을 평정한 가솔린 자동차

결국 삼파전을 평정한 것은 가솔린 자동차였다. 이유는 무엇일까? 흥미롭게도 많은 기술사학자들은 '모험 지향성'이 기저에 깔린 당시의 자동차 스포츠 문화에 주목하고 있다. 폭발음과 함께 거칠게 돌진하는 가솔린 자동차는 얌전하게 운행되는 전기 자동차나 신사다운 소리를 내는 증기 자동차에 비해 훨씬 더 강렬한 인상을 주었다. 가솔린 자동차의 잦은 고장 또한 단점이 아니라 모험적인 도전으로 여겨졌다. 자동차 스포츠를 즐기는 사람들에게는 고장이 적다는 점이 오히려 매력을 반감시키는 요인이었던 것이다. 1907년에 한 운전자는 다음과 같이 말했다. "기계공의 본능을 가진 남자들이 가솔린 자동차를 좋아하는 이유는 그 불완전성과 특이함에 있다. ⋯ 가솔린 자동차는 인간과 많은 점에서 공통된 영혼을 지니고 있다."

가솔린 자동차 업계가 차별화된 마케팅 전략을 구사했다는 점에도 주목해야 한다. 전기 자동차나 증기 자동차가 미국 동부 지역을 이미 점유하고 있었기 때문에, 가솔린 자동차 업계는 주로 중서부의 농촌 지역을 공략했다. 농촌 지역 사람들은 전기 자동차의 안락함이나 깨끗함에는 큰 매력을 느끼지 못했다. 또한 가솔린 자동차 업계는 증기

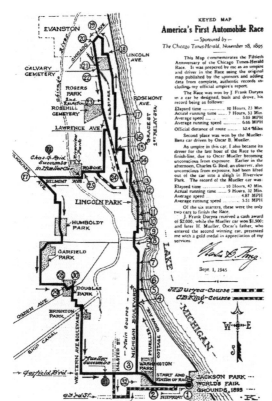

1895년 미국 최초의 자동차 경주
대회를 설명하는 지도

기관이 검은 매연으로 가득한 공장 지역에나 적합한 것이어서 평온한
농촌의 이미지와 상반된다는 점을 자주 강조했다. 더 나아가 가솔린
자동차 업계는 중서부 지역에 진출하면서 자동차의 조작법을 일대일
로 직접 가르치는 열성을 보였다. 당시의 농부들은 자동차라는 기계
를 직접 조작함으로써 문화적인 열등감을 극복하고 있다는 기분을 느
끼기도 했다.

대량생산과 대중소비의 결합

|

　가솔린 자동차가 승리할 수 있었던 가장 결정적인 계기는 따로 있었다. 바로 헨리 포드가 대중용 자동차 시장을 창출한 것이다. 포드는 모델 A, B, C, F, N, R, S, K를 설계한 후 이 모델들의 장점을 결합한 모델 T에 주목했다. 그는 모델 T에 집중하는 전략을 택하면서 다음과 같이 선포했다.

　"나는 수많은 일반 대중을 위한 자동차를 생산할 것이다. 최고의 재료를 쓰고 최고의 기술자를 고용하여 현대적 공학이 고안할 수 있는 가장 소박한 디자인으로 만들 것이다. 그렇지만 가격을 저렴하게 하여 적당한 봉급을 받는 사람이면 누구나 구입해서 신이 내려주신 드넓은 공간에서 가족과 함께 즐거운 시간을 보낼 수 있게 할 것이다."

　모델 T는 1908년 10월 13일에 출시되자마자 폭발적인 인기를 누렸다. 모델 T에는 무게가 540킬로그램을 조금 넘는 정도에 불과하면서도 20마력의 강력한 힘을 발휘하는 4기통 엔진이 탑재되었다. 게다가 발로 조작하는 톱니바퀴식 2단 변속기가 장착되어 있어서 운전을 하는 것도 그리 어렵지 않았다. 무엇보다도 모델 T의 장점은 825달러라는 저렴한 가격이었다. 작업의 세분화와 작업 공구의 특화에 입각한 대량생산 방식으로 가격을 대폭 낮출 수 있었다.

　1913년에 포드 자동차 회사는 컨베이어 벨트로 연결된 조립라인 assembly line을 구축했다.[57] 그러나 작업의 단순화는 높은 이직률로 이어졌고, 이에 대응하여 포드는 1914년에 '일당 5달러Five-Dollar Day, FDD'라는 정책을 실시했다. 당시에 모델 T의 가격은 400달러 정도였는데,

1913년 포드 자동차 회사의 노동자들이 조립라인에서
일하고 있는 모습

포드 자동차 회사에 근무하는 일반 노동자의 넉 달치 봉급과 비슷했다. 이제 일반 노동자들도 마음만 먹으면 어렵지 않게 자동차를 구매할 수 있게 된 것이었다. 이처럼 포드는 컨베이어 벨트와 일당 5달러 정책을 통해 대량생산과 대중 소비의 결합을 추구했다. 결국 미국 사회는 1920년대에 들어와 풍요로운 경제와 모델 T의 확산을 배경으로 자동차 대중화 시대에 돌입할 수 있었다.

1924년은 포드에게 역설적인 한 해였다. 6월 4일에 1,000만 번째 모델 T가 생산되었고, 당시에 모델 T는 판매 대수에서 경쟁 차종을 여섯 배나 앞지르고 있었다. 그러나 같은 해 제너럴모터스General Motors, GM가 '쉐보레Chevrolet'라는 저가 자동차를 출시하면서 모델 T는 소비자들의 관심에서 멀어지기 시작했다. 쉐보레는 모델 T의 단점을 보완했고 스타일도 새로웠다. 덜컹거리는 크랭크 대신에 전자 시동장치가 부착되었고, 무거운 톱니바퀴식 변속기 대신에 부드러운 3단 기어가 장착되었다. 이를 바탕으로 GM은 자동차 시장을 급속히 잠식했다. 하지만 포드는 자신의 분신이나 다름없는 모델 T에 끝까지 집착했다. 포드는 다음과 같은 말을 남기기도 했다. "고객은 누구나 원하는 자동차를 손에 넣을 수 있다. 적어도 그것이 검정색인 한." 여기서 검정색의 자동차는 모델 T를 의미한다.

당시 GM의 회장이었던 알프레드 슬론Alfred Sloan은 "모든 지갑과 목적에 맞는 차a car for every purse and purpose"를 슬로건으로 내세웠다. GM은 고객이 자신의 경제적 형편에 따라 필요한 자동차를 구입할 수 있도록 쉐보레, 폰티악, 올즈모빌, 뷰익, 캐딜락 등의 다섯 가지 브랜드를 동시에 생산했다. 이와 함께 슬론은 '1년 단위의 모델 변화annual model change'라는 개념을 선구적으로 도입했다. 해마다 새로운 모델을 주의 깊게 설계하고 출시함으로써 이미 판매된 자동차가 조기에 구식으로 여겨질 수 있도록 했던 것이다. 그 밖에 GM은 고객에게 색상이나 장비를 선택하는 권한도 부여했고, 자동차 구매 가격에 대한 분할 납부제를 도입하기도 했다. 이런 식으로 GM은 고객의 욕구에 부응하는 자동차를 다양하게 선보임으로써 1931년에 세계 최고의 자동차 판매 대수를 기록할 수 있었다.

시발 자동차에서 알파엔진까지

우리나라에서는 1903년에 자동차가 처음 도입된 것으로 전해진다. 고종의 즉위 40주년을 맞이하여 주한미국공사 알렌의 주선으로 포드 A형 리무진이 들어왔다. 이 자동차는 유실되는 바람에 지금은 볼 수가 없다. 한편 우리나라 최초의 국산 조립 자동차는 1955년에 최무성이 만든 시발始發 자동차였나. 미군의 지프를 흉내 낸 시발은 광복 12주년을 맞아 1957년에 열린 산업박람회에서 최우수 상품으로 선정되어 대통령상을 수상하기도 했다.

우리나라 최초의 국산 조립 자동차인 시발 자동차(왼쪽)와 1958년에 있었던 시발 자동차 행운추첨대회의 광경(오른쪽)

우리나라의 자동차 산업은 1975년에 생산된 고유모델original model '포니'를 계기로 급속한 발전을 경험했다. 1985년에는 수출전략용 차종인 '엑셀'이 개발되었고, 이듬해에는 30만 대 양산 라인을 바탕으로 미국 시장에 본격적으로 진출하기 시작했다. 이어 1991년에는 알파 엔진을 자체적으로 개발하는 데 성공함으로써 우리나라의 자동차 산업은 독자 모델의 단계로 이행했다. 우리나라는 1995년에 총 250만 대의 자동차를 생산했으며 미국, 일본, 독일, 프랑스에 이어 세계 5위의 자동차 생산국으로 부상했다.

브래지어

brassiere

여성에 의한,
여성의 발명품

브래지어의 기원은 천이나 가죽으로 가슴을
두르는 고대의 '아포대즘'에서 찾을 수 있다.
브래지어를 처음 발명한 사람이 누구인지에
대해서는 의견이 분분하지만, 현대적 브래지어는
20세기 초 메리 제이콥이 발명한 것으로 인정된다.
그녀는 파티용 의상을 준비하던 중에 즉석에서
등이 없는 브래지어를 처음 만들었다. 1950년대에
브래지어는 여성의 필수품으로 자리 잡았고,
1960년대에는 여성해방운동이 본격화되면서 젊은
여성들이 '노브라'를 주장하기도 했다.

★

.

기술의 역사에서 여성이 주인공인 경우를 찾기는 쉽지 않다. 여성 기술자의 숫자가 실제로 적었기 때문이었을까? 아니면 그녀들의 활동이 잘 알려져 있지 않았을 뿐인가? 이에 대한 답은 "둘 다"라고 할 수 있다. 역사적으로 볼 때 여성 기술자의 수는 남성 기술자에 비해 훨씬 적었고, 그나마 몇 안 되는 여성 기술자의 경우에도 후세에 이름을 남긴 사람은 극소수에 불과했다. 하지만 이러한 문제에 대한 답은 어떤 기술을 대상으로 삼느냐에 따라 반전될 수 있다. 예를 들어 브래지어 brassiere와 같은 개인적인 여성용 물품의 경우에는 이와 관련된 여성 기술자들도 많았고 그녀들의 이름도 어렵지 않게 알아낼 수 있다.[58]

아포대즘에서 코르셋으로

브래지어라는 말이 처음 등장한 건 1907년 미국의 여성 잡지 「보그」에서였다. 그러나 브래지어의 기원은 그리스·로마 시대까지 거슬러 올라간다. 고대 사회의 여성들은 긴 천이나 가죽 밴드로 가슴을 둘렀는데, 이것을 아포대즘apodesm이라고 불렀다. 아포대즘을 착용한 목적은 남자들의 시선을 끌기 위해었다. 벌거벗은 윗몸에서 가슴에만 살짝 포인트를 줌으로써 성적 매력을 강조했던 것이다.

중세에 들어서 세속적인 문화 전반이 암흑기를 맞이했는데, 여성

로마 시대에 아포대즘을 착용한 여성을 묘사한 모자이크

의 패션도 예외일 수 없었다. 기독교적 금욕주의가 널리 퍼지며 관능미, 성애, 욕망 등이 죄악시되는 사회적 분위기가 조성되었던 것이다. 이에 따라 신체 부위를 노출하는 것은 불경한 일이 되었고, 여성의 가슴은 옷 속으로 꼭꼭 숨어들고 말았다.

여성의 신체는 르네상스 시대에 다시 해방되기 시작했다. 여성들은 가슴이나 엉덩이를 최대한 강조한 형태의 옷을 선호했다. 이런 요구에 부응하여 등장한 것은 조끼 형태의 코르셋corset이었다. 코르셋은 허리와 배를 타이트하게 조인 상태에서 등을 꼿꼿이 세워줌으로써 가슴이 도드라지게 보이도록 했다. 당시의 대표적인 코르셋으로는 바스뀐느basqune를 들 수 있다. 바스뀐느는 나무 조각, 고래수염, 뿔, 금속, 상아로 만든 바스크basque를 린넨이나 울 사이에 넣고 촘촘하게 누빈 것이었다.

코르셋은 500여 년 동안 진화를 거듭하면서 많은 여성들의 사랑을

받았다. 프랑스 궁정의 패션 리더였던 마
리 앙투아네트가 코르셋을 착용하고 허
리둘레를 32.5센티미터까지 조여 사람들
의 부러움을 샀다는 일화도 전해진다. 그
러나 코르셋 때문에 신체 장기가 원래 위
치에서 이탈하거나 갈비뼈가 삐뚤어지는 등
부작용이 속출했다. 야외 파티가 벌어지는
동안 코르셋을 입은 여성이 기절하는 경

1730년대에 유행했던 코르셋의 모습

우도 적지 않았다. 가슴을 해방시키기 위해 몸을 속박한 것은 아이러
니가 아닐 수 없다.

브래지어의 발명가를 찾아서

오늘날과 같은 형태의 브래지어를 처음 만든 사람은 누구일
까? 유명한 사진 잡지 「라이프」에 따르면 현대적 브래지어를 처음 발
명한 사람은 프랑스 파리에서 양장점을 운영하던 헤르미니 카돌Her-
minie Cadolle이다. 그녀는 1889년에 기존의 코르셋을 두 부분으로 나눈
뒤 가슴에만 착용할 수 있는 코르셀렛 고지corselet gorge를 고안했고, 코
르셀렛 고지는 1900년에 파리에서 개최된 박람회에서 선풍적인 인기
를 누렸다.

하지만 브래지어를 최초로 발명한 사람에 대해서는 의견이 분분하
다. 1876년에 미국의 올리비아 플린트Olivia Flynt가 브래지어로 최초의

특허를 받았다는 주장도 있고, 1889년에 독일의 크리스티네 하르트 Christine Hardt가 대량생산이 가능한 브래지어를 최초로 개발했다는 주장도 있다. 이에 앞서 1859년에 미국의 헨리 레셔Henry Lesher가 브래지어에 대한 아이디어를 처음 내놓았다는 주장도 있다.

이런 식으로 계속 추적해나가면 브래지어의 발명과 관련된 사람들의 명단은 더욱 길어질 것이다. 다른 각도에서 보면 19세기 후반에는 브래지어 발명의 시기가 무르익었고 많은 사람들이 브래지어에 도전했다고 볼 수 있다. 이 말은 브래지어를 특정한 한 사람이 발명했다기보다는 몇몇 사람들이 비슷한 시기에 발명했다는 논변으로 이어질 수 있다. 이른바 동시발명simultaneous invention 혹은 복수발명multiple invention인 셈이다.[59]

동시발명에는 우선권 논쟁이 발생하는 경우가 많은데 브래지어의 경우에는 우스꽝스러운 사태가 일어나기도 했다. 예를 들어 1920년 대에는 프랑스의 필리페 드 브래지어Philippe de Brassiere가 자신의 이름을 들먹이며 자신이 진정한 브래지어 발명가라고 장난을 쳐서 세인의

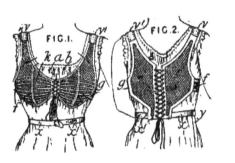

1889년에 발명된 카돌의 브래지어(왼쪽)와 하르트의 브래지어(오른쪽)

주목을 받았다. 심지어 1971년에 출간된 『가슴 올리기Bust-Up』에서는 브래지어를 최초로 발명한 사람으로 오토 티츨링Otto Titzling을 내세웠는데, 그는 실제 존재했던 사람이 아니라 저자가 꾸며낸 가공인물이었다.

사교계 스타의 기발한 아이디어

현대적 브래지어 발명가로 가장 주목받는 사람은 메리 펠프스 제이콥Mary Phelps Jacob이다. 메리는 커레서 크로스비Caresse Crosby로도 알려져 있는데, 커레서는 그녀가 두 번째 결혼을 한 후의 이름이다. 메리는 19살이던 1910년에 등 부위를 노출시킨 브래지어를 발명하고 4년 뒤에 특허를 받았다. 그녀는 1953년에 펴낸 자서전 『열정적인 시절The Passionate Years』에서 다음과 같이 회고했다.

내가 처음 사교계에 발을 들여놓았을 때 소녀들은 고래 뼈와 분홍색 끈으로 만든 상자 같은 속옷을 입고 다녔습니다. 무릎에서 겨드랑이 밑까지 온몸을 칭칭 싸매고 있는 모습이었어요. 그 위에 모슬린이나 비단으로 된 코르셋을 입고 끝부분은 단단한 고리로 걸어두었습니다. … 당시 청춘 남녀들이 애무를 즐겼다면 그 장치는 그리 오래가지 못했을 거예요.

메리는 뉴욕 사교계의 스타였다. 열정적으로 파티를 즐겼던 그녀는 사람들의 관심을 즐거워했다. 1910년의 어느 날, 메리는 파티용 의상으로 실크 드레스를 준비했다. 그런데 실크 드레스가 너무 얇아서 속이 다 비치는 문제가 있었다. 메리는 즉석에서 두 명의 프랑스 하녀와 함께 실크 드레스에 어울리는 속옷을 만드는 데 도전했다. 그녀들은 두 장의 흰 손수건, 분홍색 베이비 리본, 얇은 줄을 가지고 가슴을 살짝 가릴 수 있는 속옷을 만들어냈다.

그날 밤 메리가 파티의 주인공이 된 것은 당연했다. 원래 스타였던 메리가 비장의 아이템인 실크 드레스까지 입고 나타난 것 아닌가? 파티에 참석한 많은 여성들은 메리가 손수건으로 만든 속옷에 깊은 관심을 보였다. 메리는 새로운 속옷을 몇몇 친구에게 선물로 주었는데, 친구의 친구들도 그 속옷을 갖고 싶어 했다. 그뿐 아니라 생판 모르는 사람들로부터 현금이 든 봉투와 함께 새로운 속옷을 만들어달라는 주문을 받기도 했다.

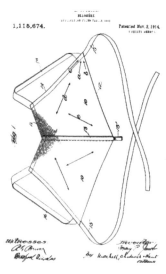

메리 제이콥의 등이 없는 브래지어에 관한 특허 도면

메리는 손수건으로 만든 속옷을 지속적으로 개선한 후 '등이 없는 브래지어backless brassiere'라는 이름으로 1914년 11월 3일에 특허를 받았다. 이어 사업 자금을 마련해 재봉틀을 설치하고 이민 온 소녀들을 고용해 수백 개의 브래지어를 생산했다. 메리는 1922년까지 브래지어 사업을 펼치다가 워너브라더스코르셋회사 Warner Brothers Corset Company에 브래지어의 특허권을 팔았다. 이 회사는 대가로 메리에게 1,500달러를 지불했고, 30년 동안 1,500만 달러의 수익을 거두었다. 워너브라더스는 1만 배를 남긴 장사를 한 셈이었다.[60]

계속되는 브래지어의 혁신
|
브래지어는 이후에도 지속적인 혁신을 거듭했는데 여기에는 러시아 출신의 여성으로 미국에서 브래지어 사업을 벌였던 아이다 로젠탈Ida Rosenthal의 역할이 컸다. 1927년에는 솔기를 넣어 가슴을 위로 올려주는 브래지어가 나왔고, 1930년대에는 고무에 섬유를 입혀 착용감과 신축성이 뛰어난 브래지어들이 잇달아 출시되었다. 브래지어의 사용이 간편해지면서 브래지어를 줄여 부르는 말로 '브라bra'가 등장했다는 흥미로운 해석도 있다. 이와 함께 1930년대 말에는 몇몇 기업들이 브래지어의 사이즈를 A컵(작은 사이즈)에서 D컵(큰 사이즈)까지 구분해서 고객이 자신에게 맞는 브래지어를 선택할 수 있도록 했다.

서구 사회에서는 1950년대에 들어서 브래지어가 거의 모든 여성의 필수품으로 자리 잡았다. 다양한 소재와 색상의 브래지어가 속속 출현하는 가운데 여성 잡지

로젠탈의 회사 메이든폼Maidenform이 생산한 브래지어의 광고. 1960년에 게재되었다.

는 브래지어 광고를 싣는 데 열을 올렸다. 1960년대에는 여성해방운동의 본격적인 전개를 배경으로 젊은 여성들이 노브라no-bra를 주장하면서 브래지어를 소각하는 행사가 벌어지기도 했다. 이러한 현상이 브래지어 산업의 쇠퇴로 이어지지 않겠느냐는 질문에 대해 로젠탈은 다음과 같이 재치 있게 대답했다.

"민주주의 사회에서는 옷을 입거나 말거나 개인의 자유죠. 하지만 서른다섯이 넘는 여성의 몸은 받침이 없으면 선이 무너져버립니다. 시간은 내 편이지요."

아시아에서는 제2차 세계대전 직후에 브래지어가 도입되었다. 하지만 당시 일본 여성들에게는 미국에서 수입된 브래지어의 사이즈가 너무 크다는 문제점이 있었다. 이러한 일본 여성들의 고민을 접한 발명가 야스다 다케오安田武生가 기막힌 대안을 내놓았다. 와이어를 감아서 유방의 형태를 만든 후 거기에 천을 붙인 '브라패드bra pad'를 발명한 것이다. 야스다의 발명은 와코상사和光商社가 상업화했고 1947년부터 판매되기 시작했다.

복사기

copy machine

특허 담당 직원이 일으킨
사무실 혁명

19세기 말에 개발된 등사복사기와 20세기 초에
출현한 사진복사기는 모두 습식 복사기였다.
오늘날과 같은 건식 복사에 처음 도전한 사람은
미국의 발명가이자 특허분석 담당 직원인
칼슨이었다. 그는 1938년에 최초의 전자사진식
복사본을 만드는 데 성공했고, 할로이드의 지원을
바탕으로 건식 복사를 상업화했다. 그 결과 처음
출시된 복사기가 '제록스 모델 A'이다. 1959년에는
제록스914가 출시되어 복사기의 대중화 시대가
열렸고, 할로이드의 후신인 제록스는 세계적인
복사기 업체로 성장했다.

★

요즘은 복사기가 없는 사무실을 찾기 어렵지만, 40년 전만 하더라도 사정은 완전히 달랐다. 당시의 관공서나 학교에서는 카본지(먹지)나 등사기를 사용했다. 서류 밑에 시커먼 카본지를 깔고 글을 쓰거나 잉크가 묻은 롤러를 밀어 서류를 복제했던 것이다. 그러나 이러한 사무실 풍경은 과거의 추억 속으로 물러나게 되었다. 복사기가 널리 확산된 덕분이다. 인류 사회가 복사기를 널리 사용하게 된 데에는 20세기 미국의 발명가 체스터 칼슨Chester F. Carlson의 역할이 컸다.

습식 복사기의 발전

오늘날의 복사기는 건식 복사기이지만, 초기의 복사기는 습식이었다. 습식 복사기는 1780년에 영국의 제임스 와트James Watt가 처음 발명한 것으로 전해진다. 그는 사업상 주고받는 편지의 사본을 만들면서 상당한 불편함을 느꼈고, 이를 해소하기 위해 복사하는 기계에 도전했다. 와트의 복사기는 원본을 필기한 얇은 종이를 물에 적시고, 그 밑에 복사지를 놓은 뒤 압착 롤러로 누르는 방식이었다. 이 방식은 1785년에 미국의 독립선언서를 복사하는 데 사용되기도 했다.[61]

19세기 말과 20세기 초에는 원본을 화학약품으로 처리하는 습식 복사기가 등장했다. 등사복사기mimeograph와 사진복사기photostat가 그

대표적인 예이다. 최초의 등사기는 1884년에 미국의 기업가인 알버트 딕Albert B. Dick이 개발한 '스탠실 듀플리케이터stencil duplicator'로 전해지는데, 젤라틴이 함유된 등사 원본에 잉크를 묻혀 복사하는 기계 장치였다. 등사기는 서류를 대량으로 복제할 수 있는 최초의 기계로 어느 정도 숙련된 기술자를 필요로 했다. 이에 반해 문서를 소량으로 복제할 때에는 당시에 보급된 타자기에 먹지를 대고 타이핑하는 방법이 사용되었다.

최초의 사진복사기는 1906년에 미국의 렉티그래프Rectigraph Company가 개발했다. 빛에 반응하는 철 화합물이 함유된 종이를 암모니아 증기로 현상하면 파란색 바탕에 흰색의 상이 맺히는 복사물, 즉 청사진blue print이 만들어지는 방식이었다. 사진복사기는 선명도가 뛰어난 복사물을 얻을 수 있었지만, 가격이 매우 비싸다는 게 문제였다. 이에 따라 사진복사기의 용도는 정밀한 건축 도면이나 중요한 계약 문서를 복사하는 데 국한되었다. 일반적인 도면이나 그림의 경우에는 원본에 카본지를 대고 손으로 그린 후 복사 용지에 찍어내는 방식이 사용되었다.

대공황의 여파로 탄생한 전자사진술

|

칼슨은 1930년 캘리포니아 공과대학교(칼텍) 물리학과를 졸업했지만, 대공황의 여파로 원하는 직장을 구할 수 없었다. 그는 여러 회사를 옮겨 다니다가 전기부품 제조업체인 말로리P. R. Mallory & Company에서 특허분석 업무를 맡았다. 칼슨의 업무에는 각종 문건이나 도안에 대한 복사본이 필요했는데, 주로 카본지가 복사에 사용되었다. 당시에 복사는 매우 불편하고 지루한 작업이었다. 손과 문서에 검댕이가 묻어나고 복사하는 데 많은 시간이 소요되었다. 칼슨은 "서류를 가지고 와서 구멍에 넣으면 곧바로 복사본을 얻을 수 있는 기계"를 구상하기 시작했다. 건식 복사기에 대한 착상은 대공황의 산물이었던 셈이다.

칼슨은 뉴욕공립도서관을 들락거리며 복사 기술에 관한 자료를 수집했다. 처음에는 사진 복제에 관심을 기울였지만 사진은 사무용으로 적합하지 않은 것으로 판단했다. 다음으로 칼슨이 주목한 것은 광전도성 원리에 입각한 건식 복사였다. 광전도성은 어떤 물질에 빛을 쪼여줄 때 전기적인 성질이 변하는 것을 뜻하는데, 당시에 헝가리의 물리학자 폴 셀러니Pál Selényi 혹은 Paul Selenyi가 정전기를 띤 입자가 어떻게 반대 극의 표면에 달라붙는지에 대해 논의한 바 있다.

칼슨은 셀러니의 논문을 탐독한 후 판 위에 비치는 이미지와 똑같은 모양으로 건조한 입자를 붙게 만든다면 건식 복사가 가능할 것으로 생각했다. "만일 원래 사진이나 문서의 이미지를 전기전도성이 있는 물질의 표면에 비추면, 전류는 인쇄물의 빛이 지나간 자리에서만

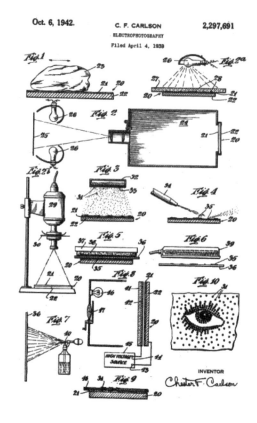

Oct. 6, 1942.   C. F. CARLSON   2,297,691

ELECTROPHOTOGRAPHY

Filed April 4, 1939

INVENTOR

칼슨의 전자사진술에 관한 특허
도면

흐르게 될 것이다. 만일 누군가가 판(표면) 위에서 빛이 지나간 자취의
패턴을 따라 전기적 성질을 띤 판에 마른 입자가 달라붙게 한다면 건
식인쇄물 복사본을 얻게 될 것이다." 칼슨은 자신의 아이디어를 '전
자사진술electrophotography'이라고 불렀다.

1930년대 내내 칼슨은 복사기 제조에 매달렸다. 그는 뉴욕 퀸즈에
있는 자신의 아파트 부엌에 작업실을 만든 후 다양한 실험을 거듭했
다. 실험에는 수많은 약품이 사용되었고, 이웃들은 계란 썩는 냄새가
난다고 불평했다. 한번은 이웃집 주인의 딸이 칼슨에게 항의하러 왔

는데, 그것이 인연이 되어 두 사람은 1934년에 결혼식을 올릴 수 있었다. 칼슨은 1936년에 뉴욕 로스쿨에 진학하여 3년 후에 졸업하고 이듬해에 변호사 자격을 받았다. 1937년 10월에는 전자사진술에 대한 예비 특허를 등록하기도 했다.

수호천사를 찾아서

특허를 등록한 직후 칼슨은 아스토리아에 작은 연구실을 차리고 독일 출신의 물리학 전공자인 오토 코르네이Otto Kornei를 조수로 채용했다. 그로부터 1년 뒤에 오랫동안 기다렸던 연구 결과가 나왔다. 황으로 코팅된 아연판을 면섬유로 문질러 정전기를 일으킨 다음, 잉크 글자가 적힌 얇은 유리 슬라이드를 들고 판에 대보았다. 잠시 동안 전기스탠드 불빛으로 노출시킨 후 슬라이드를 제거하고 판에 이끼포자로 된 가루를 뿌렸다. 칼슨은 그 가루 위에 파라핀 종이를 대고 누르면서 녹을 때까지 가열한 후 껍질을 벗겨냈다. 남은 가루를 불어내자 무언가가 선명하게 나타났다. 칼슨이 슬라이드 위에 쓴 "10-22-38 Astoria"라는 글자가 그대로 복사된 것이었다. 1938년 10월 22일에 아스토리아에서 실험했다는 뜻이었다.

복사는 성공했지만 단어는 크게 번져 있었다. 칼슨은 자신의 연구를 지원해줄 후원자를 찾기 위해 GE, IBM, 코닥 등에 접근했다. 그러나 기업들은 칼슨을 몽상가로 취급하며 고개를 저었다. 설상가상으로 코르네이는 복사기에 더 이상 희망이 없다고 판단하고 IBM으

최초의 전자사진식 복사본에 나타난 글자 "10-22-38 Astoria"

로 자리를 옮겼다. 칼슨은 혼자 힘으로 특허 3종을 추가로 획득했지만, 경제적으로는 파산 직전까지 몰렸다. 다행히 1944년에 바텔연구소Battelle Memorial Institute의 엔지니어인 러셀 데이튼Rusell Dayton이 칼슨을 찾아왔다. 이를 계기로 바텔연구소는 3,000달러를 투자하고 수익의 40퍼센트를 받기로 했는데, 나중에 바텔이 벌어들인 로열티는 3억 5,000만 달러나 되었다.

그러나 고난은 계속되었다. 바텔의 지원금은 오래가지 못했고, 부인은 이혼을 통보했다. 그때 수호천사처럼 등장한 기업이 바로 할로이드Haloid Photographic Company였다. 사진용 인화지를 제조하던 그 회사는 새로운 사업을 찾는 중이었다. 1946년에 수석엔지니어인 존 데사우어John Dessaur는 칼슨을 찾아와 전자사진술에 깊은 관심을 보였다. 이어 사장인 조지프 윌슨Joseph Wilson은 큰 모험을 걸기로 마음먹었다. "물론 시장에 내놓으려면 아직 한참 손을 봐야 하겠지. 그러나 이걸 시장에 내놓으면 우리는 신문의 표지를 장식하게 될 걸세."

할로이드는 바텔연구소, 칼슨과 합의하여 전자사진술을 이용해 상업용 복사기를 만드는 일을 추진했다. 바텔과 칼슨이 기반 기술을 담당하고 할로이드가 상업용 제품을 개발한다는 것이었다. 이를 위해 할로이드는 매년 회사 수익의 10퍼센트에 해당하는 1만 달러를 투자한다는 방침을 세웠다. 당시에 데사우어는 고전어를 전공하는 교수의 자문을 얻어 전자사진술이라는 명칭을 '제로그래피xerography'로 바꾸었다. '건식'이라는 뜻의 제로스xeros와 '쓰다'라는 의미의 그래포스 graphos를 조합한 단어였다.

복사기의 대중화 시대를 열다

드디어 1949년에는 제로그래피를 활용한 최초의 기계인 '제록스 모델 A'가 출시되었다. 그러나 대중의 반응은 싸늘했다. 가격은 400달러에 달했지만 복사기를 사용하려면 14번의 수동 조작이 필요했기 때문이었다. 제록스 모델 A에는 '옥스 박스ox box'라는 별명이 붙기도 했는데, 황소처럼 느릿느릿 복사되는 기계를 의미했다.[62]

할로이드는 포기하지 않았다. 회사는 간부들의 집까지 저당을 잡히는 상황에서도 연구 개발에 거금을 쏟아부었다. 그 결과 1955년에는 마이크로필름을 인쇄할 수 있는 자동복사기인 '카피플로Copyflo'를 출시할 수 있었다. 카피플로는 대박을 터뜨렸고, 1958년에 할로이드는 회사명을 '할로이드제록스'로 바꾸었다.

1959년에는 세계 최초의 사무용 자동복사기인 '제록스914'가 등장하면서 복사기 대중화의 길이 열렸다. 이전에는 한 장의 서류를 복사하는 데 3분이 걸렸지만, 제록스 914는 복사 시간을 26.4초로 단축하면서 최대 15장까지 한꺼번에 복

1960년대에 제로스 모델 A 복사기와 함께 한 체스터 칼슨

세계 최초의 사무용 자동복사기 제록스914

사할 수 있었다. 914라는 명칭은 가로 9인치, 세로 14인치(229 × 356밀리미터)의 종이를 복사한다고 해서 붙여진 이름이었다. 제록스914는 미국인들이 사용하는 어휘에 분말잉크를 뜻하는 '토너toner'를 추가시키기도 했다.

제록스914를 생산하기에 앞서 윌슨 사장은 IBM의 토머스 왓슨Thomas Watson 회장에게 합작 투자를 제의했다. IBM은 유명한 컨설팅 회사인 ADLArthur D. Little, Inc.에 자문을 의뢰했다. ADL은 복사기의 수요가 기껏해야 5,000대밖에 안 된다고 예측했고, 제록스914의 부피가 크다는 점도 문제가 된다고 지적했다. 결국 할로이드제록스와 IBM의 합작은 무산되고 말았다. 훗날 IBM의 2대 회장이 된 왓슨 2세는 "아버지가 가장 후회한 결정 중 하나는 건식 복사기의 초기 단계에서 합작에 참여할 기회를 놓친 것이었다"고 전하기도 했다.

1960년에는 제록스914의 텔레비전 광고가 세간의 주목을 받았다. 그 광고는 책상에서 일하고 있는 사업가와 어린 딸의 대화를 보여준다.

아빠: 데비, 이 걸 한 장 복사해주겠니?(어린 딸에게 편지 한 장을 건네며).

딸: 네, 아빠.

아빠: 이 아이는 나의 귀여운 비서이지요(자랑스럽다는 듯이 말한다).

딸이 급히 달려가 버튼을 눌러 편지의 복사를 끝낸다. 그리고 아빠에게 원본과 복사본을 건넨다.

아빠: 고맙다. 그런데 어느 쪽이 원본이지?

딸: (종이를 찬찬히 들여다보다가 머리를 긁적이며) 잊어버렸는데요![63]

고유명사에서 보통명사가 된 제록스

할로이드제록스는 1961년에 회사명을 '제록스'로 바꾸면서 뉴욕증권거래소에 주식을 상장했다. 제록스는 최초의 데스크톱 복사기 '제록스813'(1963년), 전화로 문서를 전송하거나 복사할 수 있는 '제록스400 텔레카피어 팩시밀리'(1970년), 최초의 컬러복사기 '제록스6500'(1973년), 최초로 상용화된 레이저프린터 '제록스9700'(1977년) 등을 잇달아 출시하면서 승승장구했다. 이를 배경으로 '제록스'는 복사기를 생산하는 기업의 명칭을 넘어 '복사하다'라는 뜻의 동사로도 쓰이게 되었다. 제록스 덕분에 칼슨은 엄청난 부자가 되었다. 그는 생전에 1억 5,000만 달러에 달하는 배당금을 받았고, 그중 1억 달러를 자선단체에 기부했다.

제록스의 성공에 가장 복잡한 심경을 느꼈던 사람은 코르네이였다. 그는 아스토리아의 실험실을 떠난 것을 후회하며 당시의 상황에 대해 다음과 같이 말했다.

"전 용기를 잃었죠. 희미한 복사 용지에서 대단한 것이 나올 수 있으리란 생각을 못한 겁니다. 제게 미래를 예견할 능력이 있었겠어요? 전 당시의 결과만 봤고 가망 없는 발명품으로 시간을 소비하는 것을

신도교역이 1960년 9월에 미우만 백화점 1층에 설치한 복사기 전시장의 모습

부질없는 짓이라고 생각했던 겁니다."

하지만 칼슨은 친구를 완전히 잊지는 않았다. 그는 100장의 제록스 주식으로 코르네이에게 감사의 뜻을 전했다.

제록스의 아성에 도전한 기업 중에는 일본의 리코가 있다. 리코는 복사를 의미하는 단어로 제록스 대신에 리카피recopy를 부각시키면서 1955년에 대중용 평면 복사기인 '리카피101'을 선보였다. 우리나라에 처음 소개된 복사기도 리카피 계열이었다. 개성상인 출신의 우상기는 1960년에 신도교역을 창립한 후 미우만 백화점(현재의 미도파 백화점)에 복사기 전시장을 열었다. 이어 신도교역은 1964년에 국내 최초의 복사기 '리카피555'를 개발하는 데 성공했고, 1969년에는 리코와 파트너십을 맺어 신도리코로 거듭났다.

피임약

contraceptive pill

**성 해방의 기폭제가 된
'그 알약'**

피임법의 역사는 매우 오래전에 시작되었다. 고대
이집트에서는 좌약을 넣는 형태의 피임법을
사용했고, 히포크라테스와 아리스토텔레스도
피임법에 대해 언급했다. 인조고무로 만든 남성용
콘돔과 여성용 다이어프램, 페서리 등이 처음
등장한 것은 19세기 중엽이었다. 평생을 산아제한
운동에 바친 여성인 마거릿 생어는 경구피임약에
주목했다. 경구피임약은 1950년대에 이르러
경쟁적으로 개발되었으며, 1960년에 공식적인
승인을 받아 시판되기 시작했다. 피임약은 여성의
사회 참여도를 높이는 데 크게 기여했고,
우리나라에서는 가족계획사업의 일환으로
보급되었다.

★

세계적 석학들의 베스트셀러를 만들어내며 출판업계의 거물로 이름을 날리고 있는 존 브록만John Brockman. '지식의 지휘자', '지식의 전도사', '지식의 효소'와 같은 화려한 수식어를 달고 다니는 그가 1998년 말에 다음과 같은 질문을 인터넷에 올렸다. "지난 2,000년 동안 인류의 가장 위대한 발명은 무엇인가? 그리고 왜 그렇게 생각하는가?"이에 대해 세계의 지성 110명이 응답했는데, 옥스퍼드 대학교의 생리학과 교수인 콜린 블레이크모어Colin Blakemore는 다음과 같은 답을 내놓았다.

"내게 가장 중요한 발명을 꼽는다면 피임약이라고 대답하겠다. … 피임약은 1960년대에 성 해방을 촉진했고, 페미니즘을 고취했으며, 그 결과 서양 사회에서 재래식 가족 구조가 사양길을 걷게 되었다. … 피임약의 등장으로 분업에 대한 관념이 바뀌었고, 여성의 사회적 역할에 대해 완전히 다른 태도가 나타나기 시작했다. 그러나 비교적 낮은 수준의 기술로 만들어진 피임약이 빚어낸 가장 중요한 결과는 인간의 육체가 마음의 시종이지 그 반대는 아니라는 믿음이 강화된 점일 것이다."

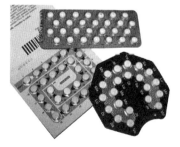

경구피임약. 생리를 시작한 날부터 21일간 매일 한 알씩 표시된 순서에 따라 복용하도록 되어 있다.

비위생적이었던 과거의 피임법

|

인류는 오래전부터 임신을 피하는 방법, 즉 피임법에 관심을 가져왔다. 현재 확인된 피임법 중에 가장 오래된 것은 기원전 1500년 경 이집트 시대로 거슬러 올라간다. 벌꿀, 탄산소다, 산화된 우유, 악어의 배설물 등을 잘 빚어서 좌약을 만든 다음, 여성의 자궁 입구와 질 내에 삽입하면 임신을 막을 수 있다는 것이다. 이러한 물질들은 정자의 움직임을 방해하거나 자궁 입구를 막는 역할을 했던 것으로 보인다. 오늘날의 관점에서 보면 이런 지저분한 물질을 사용하면서까지 꼭 섹스를 해야 할까 하는 의문이 들기도 한다.

고대의 유명한 학자들도 피임법에 대해 진지하게 논의했다. 의학의 아버지로 불리는 히포크라테스는 야생홍당무 씨가 임신을 방지할 수 있다고 주장했고, 아리스토텔레스는 "납 성분이 포함된 연고나 올리브 오일을 섞은 바닐라를 바르면 피임에 효과적"이라고 썼다. 산부인과학의 아버지로 불리는 소라누스Soranus는 정자의 활동을 억제할 수 있는 끈적끈적한 물질을 양털에 뒤섞어 자궁에 바르면 양털이 빗장을 거는 효과를 내기 때문에 더욱 안전한 피임이 가능하다고 덧붙였다.

남성용 피임 기구의 역사도 오래되었다. 고대 이집트에서는 어린 양에서 추출한 부드러운 창자로 남성의 성기를 뒤덮는 방법을 사용했다. 이어 16세기 이탈리아의 해부학자인 가브리엘 팔로피우스Gabriel Fallopius는 유럽 전역에서 맹위를 떨쳤던 매독을 막기 위해 아마 섬유를 약품으로 처리한 튜브를 만들었다. '콘돔condom'이라는 명칭은 17

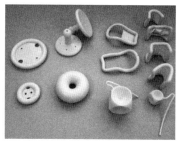

다이어프램(왼쪽)과 페서리 (오른쪽)는 경구피임약이 발명되기 전부터 사용된 여성용 피임 기구에 해당한다.

세기 영국 국왕 찰스 2세의 주치의였던 콘돔 백작의 이름에서 유래되었다고 한다.

인조고무는 피임 기구의 진화에서 중요한 역할을 담당했다. 미국의 발명가인 찰스 굿이어Charles Goodyear는 1839년에 가황법vulcanization을 개발한 후 1844년에 특허를 받았다. 이를 계기로 고무로 만든 콘돔이 제작되기 시작했고, 얼마 되지 않아 대량생산 단계에 접어들었다. 이와 함께 고무로 만든 여성용 피임 기구인 다이어프램diaphragm과 페서리pessary도 등장했다. 1861년에는 「뉴욕 타임스」에 콘돔에 대한 최초의 광고가 게재되었는데, 카피는 다음과 같았다.

"그것(콘돔)을 사용해본 사람들은 그것 없이 살 수 없다Those who have used them are never without them."

피임약의 어머니, 마거릿 생어

|

피임약의 역사에서 빼놓을 수 없는 인물은 마거릿 생어Margaret

Sanger이다. 그녀는 간호사 출신의 열정적인 사회운동가로 평생을 산아제한birth control을 위한 투쟁에 바쳤다. 생어의 산아제한에 대한 관심은 어머니의 일생에서 비롯되었다. 어머니는 1897년에 50세의 나이로 사망하기 전까지 11명의 자식을 낳았고 7명을 유산했다. 생어는 어머니의 장례식에서 아버지에게 이렇게 대들었다. "아버지가 이렇게 만든 거예요. 어머니는 아이를 너무 많이 낳아서 죽은 거라고요."

빈민가에서 간호사로 활동하던 생어는 다산과 빈곤이 산모와 아이의 사망률을 높인다고 판단해 산아제한 운동을 벌이기 시작했다. 1914년에는 「여성의 반란The Woman Rebel」이라는 신문을 만들어 여성이 스스로 가족의 규모를 계획할 권리가 있다고 강조하면서 공개적으로 피임에 관한 정보를 유통시켰다. 생어는 자신과 상담했던 여성이 불법 낙태 수술을 받다가 죽는 것을 목격한 후 다음과 같이 썼다.

"나는 악의 뿌리를 찾아내기로 마음먹었다. 어머니들의 운명을 바꿀 무언가를 실천하기 위해서다. 이 땅에 사는 어머니들의 불행은 창공만큼 드넓게 퍼져 있다."

그러나 「여성의 반란」은 음란죄로 판매 금지처분을 당했고, 연방정부는 생어를 외설죄로 기소했다. 그녀는 "산아제한을 음란죄라는 시궁창에서 끄집어내 인간적 사고의 빛 아래 놓고자 했다"고 강조하면서 자신의 대의를 선전하는 데 재판을 이용했다. 재판에 부정적인 여론이 들끓자 연방정부는 소송을 취하했다. 생어는 1916년에 미국 최초로 산아제한진료소를 열었고, 1917년에는 「산아제한평론Birth Control Review」이라는 계간지를 발간하기 시작했으며, 1921년에는 미국산아제한연맹American Birth Control League을 결성했다. 그녀의 지칠 줄 모르는

피임약의 어머니인 마거릿 생어(왼쪽)와
그녀가 1921년부터 1929년까지 발행했던
「산아제한평론」(오른쪽)

노력 덕분에 미국 법원은 1937년에 피임을 합법화하기에 이르렀다.

하지만 당시에 산아제한을 위해 여성에게 제공할 수 있는 것은 다이어프램과 페서리밖에 없었다. 생어는 무엇이 부족한지 잘 알고 있었다. 바로 간편하게 복용할 수 있는 경구피임약oral contraceptive pill이었다. 이를 개발하기 위해서는 자금이 필요했는데, 다행히도 캐서린 매코믹Katherine McCormick이 나섰다. 캐서린은 1904년에 생물학 전공으로 MIT를 졸업한 여성으로, 인터내셔널하비스터를 운영하던 스탠리 매코믹Stanley McCormick의 아내였다. 그녀는 1947년에 남편이 세상을 떠나며 남긴 유산을 활용하여 피임 연구를 적극 지원하기로 결심했다.

경구피임약의 출현과 승인

1951년 초에 생어는 포유동물의 생식을 연구하던 그레고리 핀커스Gregory Pincus를 만났다. 그 만남을 계기로 핀커스는 피임약의 개발이라는 목표에 맞게 실험실을 개조했다. 당시에 생어와 핀커스는

피임약의 아버지로 평가받는
칼 제라시

미처 알지 못했지만, 이미 멕시코의 제약회사 신텍스Syntex는 프로게스테론progesterone이라는 성호르몬에 대한 연구를 진행하고 있었다. 불가리아 출신의 화학자로 신텍스 연구소의 부소장을 맡고 있었던 칼 제라시Carl Djerassi는 1951년 여름에 자연산 호르몬보다 8배나 강력한 프로게스테론 유사체를 합성했고, 이를 '노르에치스테론norethisterone'이라고 불렀다. 하지만 제라시는 이 물질을 본격적으로 시험하거나 생산할 준비를 하지는 않았다.[64]

바야흐로 피임약 개발을 향한 경쟁이 시작되었다. 1952년에 핀커스는 중국 출신의 생물학자 장민추Min-Chueh Chang와 함께 동물을 대상으로 프로게스테론 실험을 실시했다. 이어서 핀커스는 사람을 대상으로 한 실험을 위해 존 로크John Rock에게 도움을 청했는데, 로크는 일찍부터 산아제한을 옹호했던 유능한 의사였다. 같은 해에 제약회사 서얼Searle에 근무하던 프랭크 콜턴Frank Colton은 핀커스 팀과는 독립적으로 '노르에시노드렐norethynodrel'이라는 새로운 프로게스테론 유사체를 합성하는 데 성공했다. 1954년에 로크는 핀커스의 요청으로 콜턴의 노르에시노드렐을 복용할 지원자 50명을 선발했다. 바랐던 대로 노르에시노드렐은 여성의 배란을 막았고, 핀커스와 로크는 국제학회에서 이 실험 결과를 발표했다.

미국 식품의약국의 승인을 받으려면 좀 더 광범위한 실험이 필요했다. 1956년에 핀커스와 로크는 임상 실험의 이상적인 후보지로 푸에르토리코를 선택했고, 그 지역의 의사인 에드리스 라이스-레이Edris

Rice-Way가 실험을 주관했다. 실험 결과, 적절한 방식으로 경구피임약을 복용한 여성은 모두 임신을 하지 않았다. 또한 피임약을 복용하다가 중단한 여성의 경우에도 정상적으로 아이를 출산할 수 있었다. 결국 1960년 5월 9일에 경구피임약은 공식적인 승인을 받았고, 곧이어 서얼은 세계 최초의 경구피임약인 '에노비드 Enovid'를 시판하기에 이르렀다.

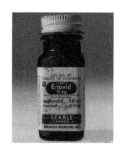

1960년 미국의 서얼이 시판한 세계 최초의 경구피임약 에노비드

알약의 대명사가 된 경구피임약

|

경구피임약은 '그 알약the pill'이라 불릴 정도로 커다란 반향을 불러 일으켰다. 경구피임약을 사용하는 미국 여성의 수는 1962년에 120만 명이었던 것이 1963년의 230만 명을 거쳐 1965년에는 650만 명으로 늘어났다. 1973년이 되자 15~44세의 기혼 여성 중 70퍼센트 정도가 피임약을 사용하게 되었다. 경구피임약의 판매량이 증가하면서 콘돔 사용량이 급격하게 줄어들었다는 점도 주목할 만하다. 그러나 콘돔 판매량은 1980년대 후반에 후천성면역결핍증AIDS에 대한 공포가 확산되면서 다시 증가하기 시작했다.

피임약은 여성의 사회 참여도를 높이는 데 크게 기여했다. 피임약이 등장하기 전에는 여성이 직업을 가지려면 결혼을 포기하는 경우가 다반사였다. 그러나 피임약의 등장으로 여성이 자신의 삶을 주체적으

1960년대 히피 문화의 상징으로 널리 사용된 피스 마크

로 조절할 수 있게 됨에 따라 여성의 사회 진출이 증가하기 시작했다. 이러한 측면에서 피임약은 20세기 여성해방운동에 가장 크게 기여한 발명으로 평가되기도 한다.

피임약은 결혼 없는 섹스를 유발하기도 했다. 인류 역사상 최초의 제대로 된 자유연애가 시작된 것이다. 자유연애는 1960년대의 유명한 반전 구호인 '러브 앤 피스Love & Peace'의 토양으로 작용했다. 전쟁 대신 사랑을 외치는 미혼 여성들은 이제 더 이상 임신에 대한 공포를 느끼지 않고 섹스를 할 수 있었다.[65]

우리나라에서는 1960년대에 가족계획사업이 국가 시책으로 채택되면서 피임 기술이 발전하기 시작했다. 1964년에는 시술이 간편한 자궁 내 장치인 루프가 도입되었고, 1968년부터는 경구피임약이 전국적으로 보급되었다. 1980년대에 들어서는 복강경 기술을 이용한 난관 수술이 널리 확산되는 경향을 보였다. 남성의 경우에는 정관수술로 피임을 했는데, 수술 장소 가운데 예비군 훈련장도 있었다. 당시에 남성이 정관수술을 할 경우에는 예비군 훈련이 면제되었다.

로봇

robot

인간을 닮은 인형에서
인공지능 로봇까지

오랫동안 신화나 전설의 영역에 머물러 있던
로봇은 18세기에 들어와 점차 현실로 자리 잡기
시작했다. 당시에는 다양한 자동인형이
제작되었는데, 대표적인 예로는 자크 보캉송의
소화하는 오리를 들 수 있다. 로봇은 1961년부터
산업용으로 실제 현장에서 쓰이기 시작했고,
1980년대에 들어서 본격적인 성장 국면을 맞이했다.
최근에는 인간형 로봇과 인공지능을 탑재한
로봇이 일반인에게도 낯설지 않은 존재가
되었다. 한편으로는 인간 지적 능력을 뛰어넘는
인공지능 로봇이 현실화 되었을 경우 나타나는
윤리적 문제가 새로운 화두로 부상하고 있다.
로봇윤리에 대해서는 이미 1941년에 아이작
아시모프가 '로봇이 지켜야 할 3대 원칙'을
제안한 바 있다.

$\bigstar$

2016년 1월에 스위스의 다보스에서 열린 세계경제포럼World Economic Forum은 '4차 산업혁명'을 화두로 꺼냈다. 4차 산업혁명이 아직 학술적으로 정착된 용어는 아니지만, 우리 사회는 열광에 가까운 반응을 보이고 있다. 인공지능 로봇을 둘러싸고 인류의 미래가 어떻게 될 것인지에 대한 진지한 논의도 이어지고 있다. 최근 들어 대중적 관심을 듬뿍 받고 있는 로봇은 사실 그 역사가 제법 오래되었다. 로봇은 오랫동안 상상의 영역에 머물러 있다가 20세기 후반에 산업용으로 현실화되었고, 최근에는 인공지능과 결합되는 양상을 보이고 있다.

전설 속 로봇에서 자동인형까지

로봇은 사람과 유사한 모습과 기능을 가진 기계, 또는 스스로 작업하는 능력을 가진 기계로 정의된다. 이러한 설명에 따른다면 로봇은 '로봇'이란 용어가 등장하기 전에도 존재했다고 볼 수 있다. 역사상 최초의 로봇으로는 그리스 신화에 등장하는 인조인간인 '탈로스Talos'를 꼽을 수 있다. 온몸이 청동으로 된 탈로스는 크레타 섬을 지키는 파수병 역할을 했는데, 뜨겁게 달아오른 몸뚱이로 적들을 덥석 껴안아서 죽이기도 했다. 탈로스는 2017년에 스페인의 팔로보틱스PAL Robotics가 자사의 인간형 로봇humanoid robot에 붙인 이름이기도 하다.

로봇   303

탈로스와 비슷한 전설은 유대인과 중국인에게도 전해지고 있다. 유대인들의 지혜의 책으로 알려진 『탈무드』에는 '골렘Golem'이라는 괴물이 등장한다. 율법학자들이 지구의 모든 지역에서 먼지를 긁어모은 후 이를 반죽하여 만들었다고 한다. 골렘은 생명이 없는 물질이라는 뜻인데, 골렘을 움직이게 하려면 이마에 '진리'라는 글자를 새겨주면 되었다.[66] 중국의 경우에는 언사偃師라는 재주꾼이 주나라의 목왕에게 자동인형을 보여주었다는 기록이 있다. 이 인형은 사람과 똑같이 생겼으며, 노래를 부르고 춤을 추기도 했다고 한다.

레오나르도 다빈치는 1495년경에 로봇의 설계를 남긴 것으로도 유명하다. 1950년대에 발굴된 레오나르도 다빈치의 노트에 갑옷을 입은 기계 기사가 그려져 있었던 것이다. 그 후에 레오나르도 다빈치의 로봇을 복원하는 작업이 다각도로 진행되었고, 1999년에 인튜이티브서지컬Intuitive Surgical은 자사의 로봇 수술 시스템의 이름으로 다빈치

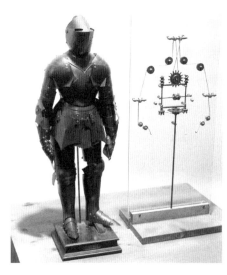

레오나르도 다빈치의 설계를 바탕으로 복원한 로봇의 모형과 내부 구조

보캉송의 세 가지 자동인형. 왼쪽으로부터 플루트 연주자, 소화하는 오리, 탬버린 연주자이다.

를 선택하기도 했다. 동양의 경우에는 '일본의 에디슨'으로 불리는 히사시게 타나카田中久重가 1840년대에 '카라쿠리 인형'이라는 혁신적인 자동인형automata을 선보였다. 쟁반을 든 인형에 달린 태엽을 감으면 그 인형이 사람에게로 갔다가 다시 제자리로 돌아오는 것이었다.

　자동인형이 18세기 유럽에서 대중적 인기를 모았다는 점도 주목할 만하다. 당시에 프랑스의 기술자인 자크 보캉송 Jacques de Vaucanson은 자동인형의 제작자로 이름을 떨쳤다. 그가 만든 자동인형에는 플루트 연주자flute player, 소화하는 오리digesting duck('오리기계' 혹은 '똥 싸는 오리'로 번역되기도 한다), 탬버린 연주자tambourine player 등이 있었다. 그중 소화하는 오리는 음식을 먹고 소화해서 배설하는 오리를 기계로 구현했다고 하는데, 실제로는 속임수를 썼던 것으로 평가되고 있다. 프랑스의 의사이자 철학자이던 쥘리앵 오프루아 드 라메트리Julien Offroy de La Mettrie는 보캉송의 자동인형에서 영감을 받아 1748년에 『인간기계론L'Homme Machine』이라는 화제작을 출간하기도 했다.

아시모프가 제안한 로봇의 원칙

'로봇'이라는 용어는 1920년에 체코슬로바키아 극작가인 카렐 차페크Karel Čapek가 「로섬의 만능 로봇Rossum's Universal Robots(R.U.R.)」이라는 희곡에서 처음 사용한 것으로 전해진다. 이 말은 체코어로 천한 노동, 중노동, 강제노동 등을 뜻하는 '로보타robota'에 어원을 두고 있다. 연극은 뛰어난 과학자 로섬과 그의 아들이 원형질에 가까운 화학물질을 개발하면서 시작된다. 그들은 이 물질을 가지고 인간에게 무조건 복종하고 모든 육체적 노동을 대신해줄 로봇을 만들었다. 그런데 로섬의 동료 한 사람이 로봇에 감정을 불어넣은 후부터 로봇은 점점 일을 싫어하게 되었고, 결국은 반란을 일으켜 사람들을 죽이면서 세계를 정복한다.

로봇에 관한 논의에서 빼놓을 수 없는 사람은 아이작 아시모프Isaac Asimov이다. 그는 'SF의 황금시대'를 연 거장으로 1940~1950년에 로봇에 관한 아홉 편의 단편을 썼다. 1941년의 「라이어!Liar!」에서는 로봇의 3대 원칙을 제시했고 1942년의 「런어라운드Runaround」에서는 '로봇공학robotics'이란 용어를 처음으로 사용했다. 아시모프의 초기 단편

「로섬의 만능 로봇」이란 연극에는 세 대의 로봇이 등장한다.

들은 1950년에 『아이, 로봇I, Robot』으로 출간되어 폭발적인 인기를 누렸는데, 여기에는 대체로 로봇에 대한 긍정적인 미래상이 그려지고 있다. 그의 로봇들은 뜨거운 작업장에서 묵묵히 일을 하고 각종 가사 노동을 대신하며 인간을 미지의 은하계로 인도한다. 아시모프에게 로봇은 인간이 기피하거나 직접 할 수 없는 일을 대신해주는 헌신적인 조수이다.

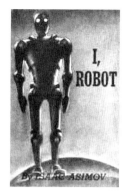
1950년에 출간된 『아이, 로봇』의 초판 표지

그러나 아시모프가 미래에 대한 환상만을 묘사한 것은 아니다. 앞서 언급했듯이 그는 1941년에 쓴 「라이어!」에서 로봇의 위험성을 감안하여 다음과 같이 로봇이 지켜야 할 3대 원칙을 제시했다.

- 제1원칙: 로봇은 인간에게 해를 끼쳐서는 안 되며, 위험에 처해 있는 인간을 방관해서도 안 된다.
- 제2원칙: 제1원칙에 위배되지 않는 경우 로봇은 인간의 명령에 반드시 복종해야만 한다.
- 제3원칙: 제1원칙과 제2원칙에 위배되지 않는 경우 로봇은 자기 자신을 보호해야만 한다.

아시모프는 1985년에 펴낸 『로봇과 제국Robots and Empire』에서 제0원칙을 추가하기도 했다. 제0원칙은 "로봇은 인류에게 해를 가하거나, 행동을 하지 않음으로써 인류에게 해가 가도록 해서는 안 된다"는 것이다. 이 원칙은 아시모프가 이전에 제안했던 3대 원칙보다 더 우선시되는 원칙이다. 아시모프는 로봇이 이와 같은 원칙을 지키는 한도 내에서만 인간이나 인류에게 유익하다는 점을 강조했다.[67]

현실 속으로 들어온 로봇

|

　공상의 세계에 머물거나 흥미로운 장난감에 불과했던 로봇은 20세기 후반에 들어와 산업 현장에서도 사용되기 시작했다. 세계 최초의 산업용 로봇으로는 미국의 조지 데벌George Devol이 개발한 '유니메이트Unimate'가 꼽힌다. 그는 1954년에 유니메이트를 발명한 후 조지프 엔젤버거Joseph Engelberger와 함께 개선 작업을 추진했다. 데벌과 엔젤버거는 1961년에 로봇에 대한 최초의 특허를 받은 후 이듬해 세계 최초의 로봇 기업인 유니메이션Unimation을 설립했다. 최초의 유니메이트는 1961년에 제너럴모터스에 인도되었고 자동차 부품을 이동시키거나 용접하는 역할을 맡았다. 이어 1973년에는 일본 와세다 대학교의 연구팀이 두 다리로 걷는 로봇인 와봇Wabot을 제작하여 인간형 로봇 시대를 예고했다.

　1980년을 전후하여 산업용 로봇은 본격적인 성장 국면을 맞이했다. 예를 들어 미국의 로봇 수는 1979년에 2,000대 정도였던 것이 1980년에는 3,000대, 1981년에는 5,000대를 넘어섰다. 이와 같은 로봇의 가파른 상승세는 1979년에 발발한 제2차 석유파동에서 비롯되었다. 세계적인 경제 불황에 대응하여 생산성을 제고하기 위한 일련의 조치들이 강구되었고, 그 과정에서 로봇에 대한 수요가 급증했던 것이다. 당시의 많은 잡지들은 '자동화 시대' 혹은 '로봇 시대'의 개막을 선포했는데, 로봇이 인간의 생활을 전면적으로 개편한다는 의미에서 '로봇 혁명robot revolution'이란 용어도 등장했다.

1980년 12월 「타임」은 '로봇 혁명'을 집중적으로 보도했다.

로봇이 확산되면서 예기치 않았던 사건이나 사고가 발생하기도 했다. 1986년 제너럴모터스의 한 조립 공장에서는 도장용 로봇이 갑자기 서로 페인트를 쏘아대는 사태가 빚어졌다. 덕분에 공장의 노동자들은 구식 분무 총으로 수백 대의 자동차를 다시 칠해야 했다. 이보다 더 심각한 것은 로봇이 사람을 죽일 수 있다는 점이었다. 10년 정도의 로봇 조작 경력이 있는 엔지니어가 1982년에 가와사키 중공업의 고장 난 로봇을 수리하던 도중 그의 뒤에 있던 다른 로봇에 맞아 죽은 사고가 발생하기도 했다. 이를 계기로 '로봇 안전성robot safety'이란 문제가 제기되었고, 로봇이 인간을 포함한 주위 환경에 손상을 주지 않기 위한 각종 대책이 마련되기 시작했다.

1980년대 이후에는 매우 다양한 유형의 로봇이 출현함에 따라 이를 분류하는 작업노 선개되있다. 로봇을 분류하는 기준으로는 용도, 동작 형태, 조작 방법 등을 들 수 있다. 로봇은 용도에 따라 산업용, 의료용, 가정용, 탐사용, 군사용 등으로 나눌 수 있으며, 로봇의 동작 형태에는 원통좌표형, 극좌표형, 직각좌표형, 다관절형 등이 있다. 또한 로봇은 조작 방법에 따라 인간이 직접 조작하는 수동 조작형 로봇manual manipulator, 미리 설정된 순서에 따라 행동하는 시퀀스 로봇sequence robot, 인간의 행동을 그대로 따라 하는 플레이백 로봇playback robot, 프로그램을 수시로 변경할 수 있는 수치제어 로봇numerically controlled robot, 학습 능력이나 판단력을 지닌 지능형 로봇intelligent robot 등으로 구분된다. 이러한 분류와 로봇의 세대를 연결시켜 보면, 수동 조작형 로봇과 시퀀스 로봇은 1세대, 플레이백 로봇과 수치제어 로봇은 2세대, 지능형 로봇은 3세대에 해당한다.

'로보 사피엔스'는 실현될 것인가

20세기 말에 들어와 로봇은 산업체뿐 아니라 일반인에게도 친숙하게 다가오기 시작했다. 1999년에 소니는 감정 표현이 가능한 애완용 강아지 로봇인 '아이보AiBo'를 출시했다. 일본에서는 아이보 클럽이 형성되어 애완용 로봇을 훈련시킨 사람들이 모여 경연 대회를 열기도 했다. 일본 로봇의 대명사로는 2000년에 혼다가 개발한 두 다리로 걷는 인간형 로봇인 '아시모ASIMO'를 들 수 있다. 아시모는 직립 보행을 하는 것은 물론 방향을 바꾸기도 하고 사람들에게 인사를 건네기도 한다. 우리나라는 2004년에 한국과학기술원 연구팀이 휴보HUBO를 개발하면서 로봇 강국의 대열에 합류했다. 휴보는 2005년에 부산에서 개최된 APEC 정상회의를 통해 처음 소개된 바 있다.

로봇의 현황과 미래를 읽는 키워드로는 인공지능artificial intelligence, AI

일본 로봇의 대명사로 평가되는 아시모(왼쪽)와 한국과학기술원이 제작한 휴보(오른쪽)

을 들 수 있다. 인공지능의 역사도 오래 되었지만, 20세기 말에 들어와 빅 데이터를 활용한 딥 러닝deep learning이 현실화됨으로써 많은 사람들의 관심을 모으고 있다. 1997년 IBM의 딥블루는 체스에서, 2011년 IBM의 왓슨은 퀴즈에서, 2016년 구글의 알파고는 바둑에서 인간을 능가하는 모습을 보여주었다. 그중 왓슨은 각종 의료 데이터를 동원해 암의 발견과 최적의 치료를 수행하는 시스템으로 발전하고 있다. 최근에 인공지능은 드론, 자율주행 자동차, 자동 번역기, 개인 비서 등의 형태로 우리에게 더욱 가깝게 다가오고 있다.

앞으로 로봇이 계속해서 진화할 것이라는 점에는 의문의 여지가 없다. 문제는 로봇을 매개로 어떤 세상이 도래하는가 하는 점에 있다. 서두에서 언급한 세계경제포럼은 4자 산업혁명의 영향으로 200만 개의 일자리가 생기는 반면 710만개의 일자리가 사라진다고 전망했지만, 이에 대한 반론도 만만치 않다. 최근에는 로봇의 사회적 통제에 대한 토론도 진지하게 전개되고 있는데 로봇 윤리의 정립, 킬러 로

미국의 유명 퀴즈쇼 프로그램 「제퍼디!Jeop-ardy!」에서 켄 제닝스Ken Jennings, 왓슨Watson, 브래드 러터Brad Rutter가 경쟁을 벌이는 모습 (2011년).

봇의 금지, 로봇세의 부과 등이 주요 주제이다. 더 나아가 '호모 사피엔스'로 불리는 인간 종에 대비하여 '로보 사피엔스'라는 새로운 로봇 종이 등장할 것이라는 전망도 제기되고 있다.

선마이크로시스템스Sun Microsystems의 공동 창업자인 빌 조이Bill Joy 는 2000년에 「왜 우리는 미래에 필요 없는 존재가 될 것인가」라는 글에서 다음과 같이 썼다.

30년 내에 인간 수준의 능력을 가진 컴퓨터가 나오리라는 전망과 함께 새롭게 드는 생각이 있다. 지금 내가 하는 일이 혹시 우리의 종을 대체할 수도 있을 정도의 테크놀로지가 가능한 도구를 만드는 일이 아닐까? … 그러한 지능을 가진 로봇이 얼마나 빨리 만들어질 수 있을까? 컴퓨터 기술의 발전 속도로 볼 때 2030년까지는 가능할 것으로 보인다. 일단 지능을 가진 로봇이 존재하게 되면, 스스로의 자기 복제를 통해 진화하는 로봇이 출현하는 데에는 작은 한 걸음만 더 필요할 뿐이다. … 무엇보다 우리의 경각심을 일깨우는 것은 GNR(유전공학, 나노기술, 로봇공학) 기술에서의 파괴적인 자기 복제의 힘이다.[68]

1   자연사natural history는 동물, 식물, 광물, 인공물 등 온갖 사물을 다루는
     분야에 해당한다. 이에 따라 자연사는 '박물학博物學' 혹은 '박물지博物
     誌'로 번역되기도 한다. 자연사는 19세기에 들어와 지질학이나 생물학
     이 제도화되는 기반으로도 작용했다. 플리니우스의 『자연사』는 37권
     짜리 백과사전으로 당시에 알려진 여러 사물에 대한 다양한 정보를 담
     고 있다. 이 책에서 다룬 유리, 범선, 비누에도 플리니우스의 『자연사』
     가 언급되어 있다. 로마 시대에는 두 명의 플리니우스가 이름을 날렸는
     데, 한 사람은 『자연사』를 쓴 대大플리니우스Gaius Plinius Secundus이고,
     다른 한 사람은 『서한집』으로 유명한 소小플리니우스Gaius Plinius Caecilius
     Secundus이다. 소플리니우스는 대플리니우스의 조카이다.

2   이 글을 작성하기 전에 나는 채륜이 105년에 종이를 처음 발명한 것으
     로 알고 있었다. 그러나 종이의 역사에 대한 정보를 살펴보면서 그 이
     전부터 종이가 사용되었다는 사실을 알게 되었다. 조지 바살라George
     Basalla는 1988년에 발간한 『기술의 진화』에서 기존의 기술사 서술이 특
     정한 사람의 발명에 주목함으로써 기술의 역사를 단절적으로 파악하

는 경향이 있다고 진단했다. 그에 따르면 기술이 혁명적으로 바뀐다는 생각은 착각에 불과하며 사실상 기술은 연속적 변화, 즉 진화의 과정을 겪는다. 하지만 기술 변화의 본질이 혁명인가 아니면 진화인가 하는 점과 무관하게 해당 기술이 누구에 의해, 언제 발명되었는가 하는 문제는 여전히 탐구될 가치가 있다. 역사학은 다른 분야에 비해 인물과 시기를 매우 중시하는 특징을 가지고 있는 것이다. 하지만 특정한 기술의 기원을 따지는 문제는 항상 만만치 않은 작업이며 여기에는 상당한 논쟁이 수반되는 경우가 많다.

3 뉘른베르크에서 최초로 제지 공장을 세운 인물은 울만 슈트로머Ulman Stromer로 알려져 있다. 그는 제지업에 대한 독과점을 확보하기 위해 종업원들에게 서약서를 요구했다. 제지 공장에 대한 비밀을 지키고 주인 이외에 다른 사람을 위해 일하지 않겠다는 내용이었다. 그 결과는 역사상 최초로 기록된 파업이었다. 슈트로머는 노동자들이 항복할 때까지 투옥시킴으로써 파업을 저지했다. 우리가 이 사건에 대해 알게 된 것도 누군가 이 사건을 종이 위에 기록해두었기 때문일 것이다.

4 화이트 2세에 이어 중세의 기술에 대한 연구에 천착했던 학자로는 장 짐펠Jean Gimpel을 들 수 있다. 그는 1975년에 『중세의 기계』를 처음 발간하면서 '중세의 산업혁명'이란 부제를 붙였다. 흥미롭게도 짐펠은 기계나 동력의 사용과 확산에서 수도원의 역할을 강조했다. 사실상 중세의 상당 기간 동안 수공업적 노동의 중심이 되었던 곳은 수도원이었다. 수도원의 규칙을 상징하는 용어에는 기도를 뜻하는 '오라Ora'와 노동을 의미하는 '라보라Labora'가 있었다. 수도사들은 자급적 경제활동을 통해 생계유지에 필요한 것을 얻었고, 몇몇 수도원의 경우에는 초보적인 형태의 공장을 운영하기도 했다.

5 기술결정론은 기술이 자율적이며 사회 변화에 결정적인 영향을 미친

다고 주장하는 논변에 해당한다. 기술결정론은 기술이 그 자체의 고유한 논리를 가지고 있기 때문에 기술의 발전은 구체적인 시간과 공간에 관계없이 보편적인 경로를 밟는다고 가정하고 있다. 이에 따르면 사회 구조는 기술의 논리 자체에 영향을 미치지 않으며 단지 기술 발전의 속도를 조절할 수 있을 뿐이다. 반면 사회와 무관하게 자율적으로 발전한 기술은 사회의 변화에 막대한 영향을 미치며, 심지어 사회의 모든 변화가 기술의 속성과 영향력으로 설명되기도 한다. 기술결정론은 기술이 사회에 미치는 영향의 성격에 따라 강한hard 기술결정론과 약한soft 기술결정론으로 구분할 수 있다. 강한 기술결정론은 특정한 기술이 필연적으로 특정한 사회를 낳을 수밖에 없다는 입장을 견지하고 있는 반면, 약한 기술결정론은 기술이 사회의 다른 영역과 상호작용하면서 사회가 특정한 방향으로 변화해갈 수 있는 가능성을 제시한다고 보고 있다.

6 서양과 동양을 막론하고 예로부터 발전한 기술 분야로는 연금술鍊金術, alchemy을 들 수 있다. 그런데 서양의 연금술과 동양의 연금술은 약간의 차이가 있다. 서양의 연금술이 납이나 수은과 같은 값싼 금속을 금으로 바꾸어 보려고 애쓴 것과 달리 동양의 연금술은 늙지 않고 오래 살 수 있는 약을 만드는 것에 무게를 두었다. 이에 따라 동양의 연금술은 '연단술'로 불리기도 하는데, 연단술은 불로장생의 약에 해당하는 단丹을 만드는 기술이라는 뜻이다. 16~17세기 영국의 철학자이자 과학자인 프란시스 베이컨은 연금술이 과학의 역사에서 담당한 역할을 다음과 같이 평가했다. "연금술은 아마도 아들에게 자신의 포도원 어딘가에 금을 묻어두었노라고 이야기하는 사람에 비유될 수 있을 것이다. 아들은 땅을 파서 금을 발견하지는 못했지만, 포도 뿌리를 덮고 있던 흙무더기를 헤쳐 놓아 풍성한 포도 수확을 거둘 수 있었던 것이다. 금을 만들고자 노력했던 사람들은 여러 가지 유용한 발명과 유익한 실험들을 가져

다주었다."

7 에드워드 3세가 이끈 영국군은 1346년 크레시 전투에서 승리한 후 칼레 시를 포위하여 이듬해에 점령했다. 칼레 전투에 대해서는 다음과 같은 시구가 전해지고 있다. "솜씨를 뽐내려는 포병들이 마을 여기저기에 대포알을 쏘았다네! 주님과 인자하신 성모님께 감사드리세. 남녀노소 아무도 다친 이가 없다네. 오직 집만 부수었다네. 돌덩어리가 차례차례 날아갈 때마다 모두가 외쳤다네. 바바라 성녀님!" 여기서 바바라 성녀는 306년경에 순교한 기독교인으로 번개와 관련된 전설 때문에 화약을 다루는 사람들의 수호성인으로 여겨졌다. 전해오는 이야기에 따르면 부유한 이교도 집안 출신인 바바라가 기독교로 개종하자 아버지는 사람을 시켜 딸을 처형했고 형장에서 아버지는 번개를 맞아 재로 변했다.

8 콘스탄티노플의 함락이 순전히 바실리카에 의해 이루어졌다고 보기는 어렵다. 대포 공격이 상당한 효과가 있기는 했지만, 성 안에 있던 적군은 성벽에 손상이 생길 때마다 재빨리 복구해냈다. 또한 메흐메트 2세가 두 차례에 걸쳐 선발대를 파견해 성 안으로의 진입을 시도했으나 이마저도 적군이 미리 대비하고 있는 바람에 실패하고 말았다. 사실상 1453년 5월 29일의 총공격이 성공한 결정적 이유는 성문 중의 하나가 잠기지 않은 상태였다는 점에서 찾을 수 있다. 하지만 메흐메트 부대가 대포로 무장했기 때문에 지속적인 공세를 유지할 수 있었다는 점도 간과해서는 안 될 것이다.

9 과학의 역사에서는 16~17세기 과학혁명The Scientific Revolution이 중요한 사건으로 다루어지고 있다. 과학혁명의 시기에는 과학의 내용뿐 아니라 과학의 방법, 과학의 사회적 위상 등에서 상당한 변화가 있었다. 내용의 측면에서는 태양중심설(지동설), 고전역학(근대역학), 혈액순환설 등이 정립되었으며, 방법의 측면에서는 수학적 방법과 실험적 방법

이 과학을 하는 좋은 방법으로 간주되기 시작했다. 또한 과학科學이 철학에서 분리되어 독립적인 분과 학문으로 자리 잡았고, 영국의 왕립학회나 프랑스의 과학아카데미와 같은 과학 단체가 생겨났으며, 과학이 근대성의 상징으로 부상하는 등 과학의 사회적 지위도 높아졌다. 과학혁명에 관한 기존의 논의에서 상대적으로 경시되고 있는 주제는 과학기구에 관한 것이다. 사실상 과학혁명의 시기에는 망원경, 현미경, 온도계, 기압계 등과 같은 다양한 과학 기구가 모습을 드러냈다. 흥미로운 점은 이와 같은 과학 기구들이 상당 부분 유리와 관련되어 있다는 사실이다. 이에 대한 연구가 더욱 진척된다면 '유리 혁명'이란 용어가 등장할지도 모르겠다.

10 판유리는 원료 배합mixing, 용융melting, 성형casting, 서냉annealing, 연마 grinding, 광택polishing의 여섯 단계를 거쳐 만들어져왔다. 19세기 이후에 이루어진 판유리 공정의 혁신은 인접한 공정을 통합하거나 공정간 이동을 연속화하는 방향으로 전개되었다. 원료 배합과 용융 단계의 통합, 용융 단계와 성형 단계의 연속화, 성형과 서냉의 동시 진행, 연마와 광택의 생략 등이 차례로 이루어졌던 것이다. 필킹턴의 플로트 공법은 판유리 공정 혁신의 대미를 장식한 것으로 생산 라인의 길이를 거의 절반으로 줄이는 효과를 낳았다.

11 선박의 진화를 집중적으로 탐구한 코럼 길피란S. Colum Gilfillan의 견해도 주목할 만하다. 그에 따르면 배는 속을 파낸 통나무를 기원으로 두고 있으며, 이때는 사람이 손으로 물을 저어 통나무배를 앞으로 나아가도록 했다. 최초의 선원들은 통나무배에서 일어서면 바람이 옷에 부딪혀 배의 속도가 빨라진다는 사실을 발견했고, 거기에서 돛이 유래되었다. 또한 길피란은 선박의 진화 과정에 참여한 사람들의 이름이 거의 알려져 있지 않으며, 그들의 대부분은 공식적인 교육을 받지 않고 집단적인

학습 과정을 거친 숙련 노동자들이었다고 지적했다. 길피란에게 기술 변화란 "사소한 세부 사항이 영구적으로 증식되는 것으로서 시작도 없고 끝도 없으며 규정할 수 있는 한계도 존재하지 않는다."

12 사실상 범선의 종류를 명확하게 구분하는 것은 거의 불가능에 가깝다. 이에 대하여 헨드릭 반 룬Hendrik Willem van Loon은 1935년에 발간한 『배 이야기』에서 다음과 같이 썼다. "배의 경우에는 '17세기 덴마크형'이라든지 '16세기 프랑스형' 또는 '19세기 터키형'과 같은 산뜻한 분류 범주가 불가능하다. 배는 외적 측면이 빠르게 자주 바뀌어서 과학자나 분류학자의 그물에 걸리지 않기 때문이다. 명칭도 배 형태의 진정한 본질을 담고 있지 않아서 그 배가 어느 부류에 속하는지 짐작할 수 없다. 캐랙이나 갤리온 등이 대단히 무절제하게 쓰이는 경우가 많다. … 캐랙의 경우에는 선미루 갑판이 매우 높은 포르투갈의 3돛 범선에서부터 선미루 갑판이 전혀 없는 플랑드르의 단일 돛대 범선까지 거의 모든 배가 포함되기도 한다."

13 플라톤은 이와는 다른 각도에서 배의 사회적 성격을 논했다. 플라톤은 "배 위에서는 평등한 민주주의가 구현되기 힘들다"라고 지적했는데 그것은 몇 명이 타는 카누와 달리 큰 배를 운항하기 위해서는 선장, 부선장, 항해사, 선원, 노 젓는 사람들로 이루어진 위계가 필수적이라는 의미였다. 이처럼 몇몇 기술의 경우에는 그 가치가 특정한 방향으로 경도되는 경향을 보이고 있다. 예를 들어 미국인들은 "총이 사람을 죽이는 것이 아니라 사람이 사람을 죽이는 것이다"는 식으로 총의 사용을 옹호하기도 하지만, 사실상 총이 사람을 죽이는 것 이외의 다른 용도로 사용될 확률은 높지 않다. 이에 반해 칼은 어떻게 사용되느냐에 따라 그 효과가 달라질 수 있다. 외과 의사의 칼은 사람의 생명을 구하는 데 반해 강도가 사용하는 칼은 사람의 생명을 위협한다.

14 미국의 인류학자인 루스 베네딕트Ruth Benedict가 1946년에 출간한 『국화와 칼』은 일본인의 마음과 사고방식을 잘 담아내고 있다. 이 책은 국화(평화)를 사랑하면서도 칼(전쟁)을 숭상하는 일본인의 이중성을 날카롭게 해부했다는 평가를 받는다. 하지만 국화는 긍정적인 성격을 띠는 반면 칼은 부정적이라는 식으로 치부해서는 곤란하다. 국화는 왜 일본 황실의 문양이 되었을까? 이에 대해 베네딕트는 "일본인은 자기 자신을 다룰 때, 꽃 전시회에서 꽃이 움직이지 않도록 작은 철사로 고정한 국화를 다룰 때와 동일한 태도를 보인다"고 지적했다. 즉, 일본인은 작은 철사로 고정시킨 국화처럼 스스로를 엄격하게 규제함으로써 자신이 속한 집단에 헌신적으로 봉사한다는 것이다. 이와 마찬가지로 칼은 공격성만을 상징하는 것이 아니라 책임과 명예를 중시하는 일본인의 이상적인 이미지를 제시하고 있다. 국화와 칼은 대립적인 은유이기도 하지만, 각각 긍정과 부정을 포함한 이중적인 의미를 담고 있는 셈이다.

15 1920년대에 들어와 미군은 기존의 제식 소총인 M1903 스프링필드를 대체하기 위한 사업을 실시했다. 여러 총기가 치열한 경합을 벌인 가운데 1928년에 개런드가 제안한 T1이 후보로 채택되었다. 하지만 1931년에 미 육군 참모총장 맥아더는 기존의 탄환인 스프링필드 탄을 사용할 수 없다는 이유로 T1의 도입을 거부했다. 스프링필드 탄은 화력이 강하지만 반동이 커서 자동화된 소총에 적합하지 않았던 것이다. 결국 스프링필드 탄을 사용할 수 있도록 개량된 T3이 제작되었고, 이 총이 일련의 실험을 거쳐 M1이라는 이름으로 제식화되었다. M1은 1936년부터 양산 단계에 진입했지만, 초도 물량의 인도는 1939년에야 이루어졌다. 당시 미군은 기존의 M1903을 장기간에 걸쳐 순차적으로 교체할 예정이었는데, 1941년에 미국이 진주만 습격을 당하면서 상황이 급변

했다. 미국은 즉각 전시체제에 돌입했고 M1 소총도 빠른 속도로 보급되었다.

16 선철이나 강철로 최종 제품을 만드는 방법에는 주조鑄造, casting, 단조鍛造, forging, 압연壓延, rolling이 있다. 주조는 주형을 만든 후 쇳물을 부어 일정한 모양으로 찍어내는 방법으로 가마솥이나 엔진을 만들 때 사용된다. 단조는 대장간에서 쇠를 달구어 두드리는 방법으로 낫, 호미, 칼 등을 만들 때 사용된다. 압연은 철 덩어리를 회전하는 여러 개의 압연기roll 사이로 통과시키면서 연속적인 힘을 가함으로써 늘리거나 얇게 만드는 방법이다. 이러한 세 가지 방법 중에서 오늘날 가장 널리 쓰이는 방법은 압연이며, 주조를 거친 철은 주철, 단조를 거친 철은 단철로 불린다.

17 도제 제도apprenticeship는 인류 역사의 상당 기간 동안 기술자를 양성하는 제도적 기반이었다. 많은 경우에 도제 제도는 장인匠人, master, 직인職人, journeyman, 도제徒弟, apprentice의 세 계층으로 구성되었다. 장인은 전체적인 일을 주관하고, 직인은 부분적인 일에 책임을 지며, 도제는 부수적인 일을 보조하는 역할을 맡았다. 도제로 입문한 후 장인이 되는데 소요되는 기간은 일정하지 않았지만, 영국의 경우에는 대략 7년이었다. 영국 정부는 1623년에 특허법을 제정하면서 특허 보호 기간을 14년으로 규정했는데, 두 번의 도제 기간이 지나면 이전 세대의 기술이 새로운 세대의 기술로 변경된다는 판단에 따른 것이었다.

18 과학아카데미는 1666년 프랑스 파리에 설립된 과학 단체이다. 과학아카데미는 정부의 자금 지원을 바탕으로 중요한 과제를 수행했고, 다른 직업을 가지고 있는 회원에게도 급여를 지급했다. 심지어 과학아카데미는 기술자들이 제출한 특허를 심사하는 권한도 가지고 있었다. 프랑스혁명이 발발하고 자코뱅 당이 집권하면서 과학아카데미는 구체제

*ancien régime*의 상징으로 비춰졌으며, 1793년에 폐쇄되는 운명을 맞이
했다. 과학아카데미는 1795년에 설립된 프랑스학사원Institut de France의
일부로 편입되었다가 1816년에 부활하여 오늘에 이르고 있다. 마리 퀴
리가 노벨상을 두 번이나 받고도 회원이 되지 못했던 단체가 바로 과학
아카데미이다.

19 1856년에 영국의 리버풀에서는 약 4만 명으로 추정되는 노동자들이 르
블랑 공장에서 일하고 있었다. 당시에 리버풀을 방문한 사람은 다음과
같이 보고했다. "더럽고 추한 도시다. 하늘에는 더러운 매연 천장이 낮
게 드리워져 있고, 기차 터널, 병동, 가스 공장, 하수도가 뒤섞여 있는
환경이다. 이곳의 특징은 굴뚝, 노, 증기가스, 매연 구름, 광산이다. 생
산품은 약품, 석탄, 유리, 화학물질, 불구자, 백만장자, 빈민이다."

20 아페르가 병을 밀봉한 것은 세균의 침입을 차단하는 효과가 있다. 하지
만 당시에는 세균이 존재한다는 것을 모르고 있었다. 아페르는 포도밭
에서 성장기를 보냈기 때문에 와인이 대기 중에 노출되면 상한다는 점
을 잘 알고 있었다. 이런 점은 식품의 경우에도 마찬가지라고 생각하면
서 아페르는 식품을 신선하게 저장하는 비결을 밀봉에서 찾았다.

21 아페르의 병조림과 듀란드의 주석 깡통은 19세기에 들어와 기술혁신의
속도가 매우 빨라졌다는 점을 보여주는 사례에 해당한다. 아페르는 프
랑스산업장려협회의 공모 후 불과 몇 달 만에 식량 보존에 대한 아이디
어를 떠올렸고, 듀란드 역시 영국 정부가 협조를 요청한 지 1년도 되지
않아 프랑스 방식을 넘어서는 기술을 고안했던 것이다. 이와 같은 현상
이 발생한 배경으로는 통조림이 그다지 복잡한 기술이 아니었다는 점
과 함께 나폴레옹 전쟁 때문에 통조림의 필요성이 절실해졌다는 점을
들 수 있다.

22 로마 시대 이전의 기술은 대부분 전쟁용 무기나 귀족용 사치품을 생산

하는 데 활용되었다고 해도 과언이 아니다. 이에 반해 로마 시대에는 길을 닦고 다리를 놓고 건물을 세우고 목욕탕을 만드는 데에도 기술이 널리 활용되기 시작했다. 이와 관련된 공학 분야는 오늘날 토목공학土木工學에 해당하는데, 토목공학의 영어명이 'civil engineering'이라는 점도 흥미롭다. 여기서 'civil'은 시민 혹은 민간을 직접적으로 의미하며, 군대를 뜻하는 'military'와 대비된다. 이러한 점을 연결시켜 해석해보면, 로마 시대에 들어와 군대가 아닌 민간을 위한 기술이 처음으로 가시화되었다고 볼 수 있다. civil engineering이 토목공학으로 번역되는 이유는 각종 건설 사업에 오랫동안 사용되었던 재료가 흙과 나무였기 때문이다.

23 미국 정부가 동부와 서부를 잇는 도로 건설에 박차를 가한 데에는 서부 지역의 연방 탈퇴를 막으려는 의도도 깔려 있었다. 이러한 점은 앨버트 갤러틴Albert Gallatin 장관이 보고서의 말미에 적은 다음과 같은 문구에서 잘 드러난다. "서부 주들을 동부 주들로부터 갈라놓기 위한 음모들이 진행되어 왔다. 이에 동조하는 사람들이 주입하려고 안간힘을 쓰고 있는 견해는 애팔래치아 산맥 너머에 사는 주민들은 대서양 연안 주들의 시장과 단절되어 있고, 따라서 별개의 이해관계를 갖는다는 것이다. … 또한 정부가 위치한 곳에서 멀리 떨어져 있으므로 연방에서 나오는 이점의 자기 몫을 온전히 누릴 수 없으며, 조만간 분리해서 자체 정부를 만들어야 한다는 것이다."

24 19세기 초에 산부인과 의사를 상징하는 도구가 된 것은 겸자鉗子, forceps였다. 겸자는 뱃속에 있는 아이의 머리를 집어 밖으로 당겨줌으로써 출산을 돕는 일종의 집게에 해당한다. 겸자의 사용을 매개로 출산은 쉬워지고 빨라졌으며, 난산의 위험도 줄일 수 있었다. 그런데 겸자는 면허가 있는 의사들만 사용할 수 있도록 규제되었기 때문에 전통적인 여성

산파들은 이 기구를 사용할 수 없었다. 출산에서는 오랫동안 여성들이 우위를 유지해 왔지만, 해당 분야가 전문화되면서 여성들이 배제되는 양상을 보였다.

25 20세기 초 미국에서 맥박계sphygmometer가 도입될 때도 이와 비슷한 양상이 나타났다. 당시 맥박계의 도입을 반대했던 의사들은 다음과 같은 논리를 펼쳤다. "우리가 지닌 감각이 빈곤해지고 임상적 예민함이 약화될 것이다." "그동안 맥박에 대해 공들인 연구가 치명적인 타격을 입을 것이다." "목공이나 화공과 같이 측정 장치에 의존하는 것은 의사의 평판에 나쁜 영향을 미치게 된다." "우리는 기계공이 아니라 전문직이 되어야 한다."

26 이 문제를 자세히 탐구한 스탠리 라이저Stanley J. Reiser는 『의학과 기술의 지배』에서 다음과 같이 썼다. "청진기는 객관적인 의사들의 탄생을 가져왔다. 그들은 환자들의 경험과 느낌으로부터 벗어나 더 독립적인 위치를 갖게 되었다. 환자와의 관계에서는 멀어지는 반면, 그의 몸에서 들려오는 소리와는 더 밀접한 관계를 맺게 된 것이다. 이제 의사는 청진기를 사용함으로써 환자의 동기나 신념에 의해 방해받지 않은 채 혼자서 환자의 몸으로부터 들려오는 소리만으로 진단을 내릴 수 있게 되었다. 그 소리가 진행 과정을 있는 그대로 드러내는 객관적인 표시라고 믿게 된 것이다."

27 계산자는 1620년대부터 1960년대까지 약 350년 동안이나 널리 사용되어 왔다. 1950~1960년대에 미국의 큐펠에세르Keuffel & Esser, K&E는 계산자 제조업체로 이름을 날렸으며, 한 달에 5,000개의 계산자를 만들었다. 그러나 1970년대 초반이 되자 계산자는 박물관의 전시품이나 수집가의 소장품에 불과한 신세로 전락했다. 그것은 휴렛패커드Hewlett-Packard와 텍사스 인스트루먼트Texas Instruments를 비롯한 전자제

품 업체들이 저렴한 휴대용 전자계산기를 출시했기 때문이었다.

28 라이프니츠는 자신의 계산기에 대해 다음과 같이 썼다. "이 기계가 계산 업무에 종사하는 모든 사람들, 즉 잘 알다시피 재정 업무 담당자, 재산 관리인, 상인, 측량 기사, 지리학자, 항법사, 천문학자들에게 매력적인 기계라고 말해도 좋다. … 과학적인 용도에 한정한다면, 낡은 기하학과 천문표는 수정될 것이고, 모든 종류의 곡선과 도형을 측정하여 새로운 표를 작성할 수 있을 것이다. … 이 기계를 사용한다면 안심하고 계산 작업을 다른 사람에게 맡길 수 있는데, 노예처럼 계산 작업에 시간을 낭비하는 것은 뛰어난 사람들에게는 가치 없는 일이기 때문이다."

29 배비지는 1830년에 「영국 과학의 쇠퇴와 그것의 몇 가지 원인에 대한 반성」이라는 문건을 발표하기도 했다. 그는 "영국에서는 과학의 연구가 다른 국가와 달리 아직 확립된 직업이 되지 않았다"고 비판하면서 "이제 아마추어 과학자라는 전통은 적당하지 않으며 다른 일로 방해받지 않는 전문 직업으로서의 과학이 필요하다"고 역설했다. 배비지의 문건은 커다란 반향을 일으켰고, 1831년에는 영국과학진흥협회British Association for the Advancement of Science, BAAS가 발족되기에 이르렀다. 배비지가 1830년의 문건에서 날조forging, 요리cooking, 손질trimming과 같은 과학에서의 기만행위에 대해 다루었다는 점도 주목할 만하다.

30 예를 들어 독일의 유명한 시인 하인리히 하이네Heinrich Heine는 파리에 머물고 있던 1843년에 철도에 대해 다음과 같이 썼다. "철도는 화약과 인쇄술 이래로 인류에게 커다란 변화를 가져오고, 삶의 색채와 형태를 바꾸어놓은 숙명적인 사건이다. … 이제 우리의 직관 방식과 우리의 표상에 어떤 변화가 생길 것임에 틀림없다! 심지어 시간과 공간에 대한 기본적인 개념들도 흔들리게 되었다. 철도를 통해 공간은 살해당했다. 그리고 우리에게 남아 있는 것이라곤 시간밖에 없다. … 이제 사람들은

세 시간 반 내에 오를레앙까지, 그리고 꼭 같은 시간 내에 루앙까지 여행한다. 이 노선들이 벨기에와 독일까지 연결되고 또 그곳의 철도들과 연결된다면 어떤 일이 초래될 것인가! 내게는 모든 나라에 있는 산과 숲이 파리로 다가오고 있는 듯하다. 나는 이미 독일 보리수의 향내를 맡고 있다. 내 문 앞에는 북해의 파도가 부서지고 있다."

31 철도의 경제적 효과에 대해서는 부정적인 의견도 제기된 바 있다. 계량경제학을 바탕으로 신新경제사를 개척한 로버트 포겔Robert W. Fogel은 1964년에 펴낸 『철도와 미국 경제의 성장Railroads and American Economic Growth』에서 철도의 부재가 1840~1890년 미국의 경제성장에 크게 영향을 주지 않았을 것이라는 결론을 내렸다. 그 이유로 포겔은 철도 없이도 운하와 강을 운항하는 배가 마차의 도움을 받아 물건을 운송할 수 있었을 것이고, 상품을 판매하는 시장에서 철도는 그다지 필수적이지 않았으며, 철도가 특별히 기술혁신을 자극하지도 않았다는 점을 들었다. 이런 식으로 포겔은 철도가 없는 19세기 미국 경제의 모델을 만들면서 역사가가 과거에 벌어졌던 사건뿐 아니라 그것의 대체 가능성에 대해서도 관심을 기울여야 한다고 주장했다. 포겔은 신경제사를 개척한 공로로 1993년 노벨 경제학상을 수상했지만, 일어나지 않은 일에 대한 반反사실적 모델을 만들고 경제성장이라는 단일한 기준으로 평가했다는 비판을 받고 있다.

32 '지구촌'이란 용어를 선구적으로 사용한 인물로는 SF소설의 대가인 아서 클라크Arthur C. Clarke와 유명한 미디어 비평가인 마셜 맥루한Marshall McLuhan을 들 수 있다. 클라크는 1945년에 기고한 「외계에서의 중계Ex-tra-Terrastrial Relays」에서 당시로서는 생각지도 못했던 인공위성을 이용한 '지구촌 통신'의 개념을 제안했다. 이어 맥루한은 1964년에 발간한 『미디어의 이해』에서 '지구촌'이란 용어를 본격적으로 사용하면서 텔레

비전과 같은 전자매체에 의해 동일한 정보가 전 세계적으로 공유된다
는 점에 주목했다. 하지만 지구촌의 기원을 거슬러 올라간다면, 대서양
횡단 전신에 주목하는 것도 무리는 아닐 것이다.

33 사실상 미국에서 전신을 처음 발명한 사람은 모스가 아니라 헨리였다.
그는 1831년에 전신에 관한 실험에 성공하고서도 완벽을 기하겠다는
생각에서였는지 특허를 신청할 생각을 하지 않았다. 헨리는 학생을 비
롯한 다른 사람들에게 가르치는 일을 즐기는 사람이었고, 모스에게도
자신의 연구 결과를 알려주었다. 그러나 모스는 훗날 전신 사업으로 크
게 성공한 후에도 헨리의 도움을 인정하려 하지 않았다. 헨리는 강력한
전자석을 발명한 사람으로도 유명하며, 오늘날 그의 이름은 인덕턴스
inductance를 나타내는 단위로 사용되고 있다.

34 전신 산업은 전기와 관련된 기술자들을 양성한 요람이 되기도 했다. 우
리에게 발명왕으로 알려져 있는 에디슨이 그러한 예에 속한다. 그는
1863년부터 전신 분야의 견습 기술자로 활동한 후 1870년에 전신 장비
를 만드는 공장을 차렸다. 1870년대 초반에 에디슨은 웨스턴유니온전
신을 비롯한 여러 기업의 의뢰를 받아 전신기의 발명이나 개량에 집중
했는데, 그가 개발한 전신기에는 인쇄전신기, 자동전신기, 사중전신기
등이 있었다. 당시에 전신에 푹 빠져 있던 에디슨은 첫 딸과 큰 아들에
게 모스 부호의 점과 선에 해당하는 '도트'와 '대쉬'라는 애칭을 붙이기
도 했다.

35 다윈은 당시의 상황에 대해 1887년에 발간된 『나의 삶은 서서히 진화
해왔다: 찰스 다윈 자서전』에서 다음과 같이 썼다. "나는 에든버러 병
원 수술실에서 두 번의 수술에 참석한 적이 있다. 둘 다 아주 고약한 수
술이었고, 그중 하나는 환자가 어린아이였다. 나는 두 번 다 수술이 끝
나기 전에 뛰쳐나와야 했다. 그다음부터는 출석도 하지 않았는데, 어떤

유인책을 썼다 해도 결코 출석하지 않았을 것이다. 당시는 마취제인 클로로포름의 혜택을 보기 훨씬 전이었다. 두 사례는 여러 해 동안 내 기억을 상당히 괴롭혔다."

36 세계 최초의 전신마취 수술이 성공한 이후에 미국은 물론 영국의 언론들도 마취제를 열렬히 환영했다. 「체임버스 에든버러 저널」은 1847년 2월에 "마취제는 고통 받는 인류가 받은 선물 가운데 가장 훌륭한 선물"이라는 찬사를 보냈고, 같은 해 5월에는 "미국 사람들이 고안한 마취제는 인류에게 베풀어진 커다란 은혜"라고 평가했다. 마취제의 효력은 전쟁을 통해 더욱 극적으로 드러났다. 1853~1856년의 크림전쟁과 1861~1865년의 남북전쟁에서 부상당한 병사들은 마취제 덕분에 수술의 공포에서 벗어날 수 있었다.

37 아산화질소나 에테르와 달리 클로로포름의 도입에는 상당한 사회적 논쟁이 수반되었다. 그 이유는 기술적 차원이 아니라 종교적 차원에서 찾을 수 있다. 여기서 우리는 에테르와 아산화질소가 치과 수술이나 외과 수술에 쓰였던 반면, 클로로포름은 산부인과 수술에 사용되었다는 점에 주목할 필요가 있다. 당시 유럽 사회의 지배적인 사상은 기독교였는데, 기독교의 일부는 여전히 출산의 고통이 여성의 원죄라는 시각을 가지고 있었다. 심지어 출산하는 산모를 편하게 해주는 것을 불경스럽게 여기는 경우도 있었다. 빅토리아 여왕이 직접 나섰던 이유 중의 하나도 이러한 상황을 개선하고자 했던 그녀의 의지에서 찾을 수 있다. 심슨이 클로로포름의 사용을 뒷받침하기 위해 창세기 2장 21절을 인용했다는 점도 흥미롭다. 그것은 "여호와 하나님이 아담을 깊이 잠들게 하시니 잠들매 그가 그 갈빗대 하나를 취하고 살로 대신 채우시고"라는 구절이다.

38 리비히는 독일의 대학교에서 과학 연구를 제도적으로 정착시킨 선구자였다. 그는 기센 대학교에서 실험실과 세미나를 통해 자신의 제자들을

화학 분야의 전문 연구자로 키웠다. 리비히의 대표적인 제자로는 법학과 출신의 호프만과 건축과 출신의 케쿨레를 들 수 있다. 호프만과 케쿨레도 실험 위주의 교육으로 많은 제자들을 양성했는데, 케쿨레는 본 대학에 재직하면서 노벨 화학상 수상자를 세 명이나 배출했다. 1901년 노벨 화학상 수상자인 제이콥 반트호프Jacobus van't Hoff, 1902년 노벨 화학상 수상자인 에밀 피셔Emil Fischer, 1905년 노벨 화학상 수상자인 아돌프 바이어Adolf von Baeyer가 그들이다. 또한 피셔의 제자인 오토 딜스Otto Diels는 다이엔을 합성하여 1950년 노벨 화학상을 받았고, 바이어의 제자인 오트마르 자이들러Othmar Zeidler는 DDT를 처음으로 합성했다. 이런 식으로 독일의 대학교들은 화학 분야의 전문 인력을 지속적으로 배출할 수 있었다.

39 과학과 기술의 현대적 관계는 19세기 후반에 형성되기 시작한 것으로 평가되고 있다. 과학적 방법이나 활동의 차원을 넘어 과학의 내용이 기술혁신에 본격적으로 활용되는 양상이 나타났던 것이다. 예를 들어 독일의 염료 산업은 유기화학을, 미국의 전기 산업은 전자기학을 바탕으로 성장할 수 있었다. 특히 이러한 산업에서는 기업체가 사내 연구소를 통해 산업적 연구industrial research를 수행함으로써 과학과 기술이 상호작용할 수 있는 제도적 공간을 마련하기도 했다. 1891년에 설립된 바이엘 연구소와 1900년에 설립된 제너럴일렉트릭 연구소가 이러한 예에 해당한다. 이와 함께 19세기 후반부터는 해당 분야별로 기술적 지식이 체계화된 공학engineering이 출현함으로써 과학과 기술의 상호작용이 학문적 차원에서도 강화되기 시작했다.

40 바스프, 훼히스트, 바이엘, 아그파는 독일의 화학 4사로 불리기도 한다. 그중 아스피린으로 유명한 바이엘은 원래 화학 염료를 생산하다가 20세기에 들어와 제약업으로 다각화했다. 제1차 세계대전 이후에 독일

경제가 곤경에 처하면서 1925년에는 네 회사를 중심으로 거대복합기업인 이게 파르벤Interessen-Gemeinschaft Farbenindustrie AG, IG Farben이 탄생했다. 제2차 세계대전이 발발하자 이게 파르벤은 히틀러의 전쟁 수행에 중추적인 역할을 담당했다. 전쟁이 끝난 후 이게 파르벤의 경영진들은 뉘른베르크 전범 재판소의 재판을 받았다. 이게 파르벤은 1952년에 공식적으로 청산되면서 다시 화학 4사의 체제로 전환되었다.

41 이 글의 서두에 있는 그림은 1987년에 발간된 『기술시스템의 사회적 구성The Social Construction of Technological Systems』이라는 책의 표지 그림으로 채택된 바 있다. 이 책에서 트레버 핀치Trevor Pinch와 바이커Wiebe Bijker는 '기술의 사회적 구성론'을 제창하면서 기술은 직선적으로 발전하는 것이 아니며, 기술의 변화에는 관련된 사회집단들의 갈등과 협상이 지속적으로 수반된다는 점을 강조했다. 자전거의 역사에 대한 기존의 서술은 오디너리 자전거가 위험했기 때문에 안전 자전거가 개발되었다는 선형적인 관점을 취하고 있는 반면, 핀치와 바이커는 자전거의 역사가 다양한 변종으로 가득 차 있으며 특정한 자전거의 출현 혹은 선택에 관한 사회적 맥락을 중시해야 한다고 주장했다. 이런 주장을 한 핀치와 바이커가 이 그림을 찾았을 때 얼마나 기분이 좋았을지 상상해본다.

42 사실상 당시에 자전거 업계에 종사했던 사람들은 오랫동안 로버형 안전자전거의 잠재력을 알아채지 못했다. 그 이유에 대하여 데이비드 헐리히David V. Herlihy는 2004년에 발간한 『세상에서 가장 우아한 두 바퀴 탈것』에서 다음과 같이 분석했다. "한 가지 이유는 공기타이어가 적시에 도입되리라는 것을 아무도 예견하지 못했기 때문이다. 공기타이어는 차체가 낮은 자전거의 기술적 장애를 상당 부분 제거했다. … 두 번째 이유는 로버가 저렴한 가격에 판매될 수 있을 것이라고 아무도 상상하지 못했기 때문이다. … 하지만 자전거 업계의 가장 큰 실수는 자체

가 낮은 자전거가 모든 계층의 여성들에게 엄청난 인기를 끌 것이라는 점을 예측하지 못했다는 데서 찾을 수 있다."

43 1946년 10월 17일자 「경향신문」에는 "씩씩한 우리 여성들: 자전거를 달리는 건각미健脚美"라는 기사가 실렸다. 이 기사는 자전거 타는 여성을 다음과 같이 표현했다. "민주주의 국가인 우리나라에서도 여성이 자전거를 탈 시대가 왔다. 싸늘한 추풍에 스커트 자락을 나부끼며 사슬을 돌리는 이 나라의 여성의 자태는 명랑도 하다." 우리나라처럼 오랫동안 여성의 지위가 낮았던 국가에서 자전거는 남녀평등을 촉진할 수 있는 기술로 간주되었던 것이다.

44 이처럼 숄스를 비롯한 많은 사람들은 타자기가 보급됨으로써 여성의 사무직 취업이 증가했다는 인식을 보이고 있다. 그러나 19세기 후반 미국의 역사를 자세히 살펴보면, 타자기가 발명되기 전부터 이미 사무직이 급증했고 다수의 여성이 사무직에 진출하고 있었다. 남북전쟁의 여파로 남성 노동력의 공급은 줄어든데 반해 대기업의 출현으로 사무직에 대한 수요가 늘어나면서 이전에는 남성이 전유했던 사무직에 여성의 진출이 허용되었던 것이다. 따라서 타자기 때문에 사무직의 확대와 여성의 진출이 이루어졌다고 보기는 어렵다. 사실상 타자기는 하나의 촉진 요인이었을 뿐이다. 오히려 미국 사회의 구조적 변화로 인해 타자기의 대량 생산과 보급이 가능해졌다고 보는 것이 더욱 타당한 해석이라고 할 수 있다.

45 키보드의 역사는 반드시 최고의 기술이 지배적 설계가 되지 않는다는 점을 잘 보여준다. 1867년에 숄스는 기계식 타자기의 키들이 서로 엉키지 않도록 QWERTY로 시작되는 자판을 설계했다. 이 방식은 키의 고장률을 낮추는 효과가 있지만, 타이핑의 속도가 느리고 피로도가 증가한다는 단점을 안고 있었다. 이러한 단점을 보완하기 위하여 1932년에

오거스트 드보락August Dvorak은 가장 많이 사용하는 철자를 가운데에 배치하면서도 양쪽 손을 번갈아 사용할 수 있게 한 새로운 키보드를 개발했다. 그러나 이미 오랫동안 QWERTY 자판에 익숙해져 있었던 사람들은 새로운 자판으로 전환하는 것을 꺼려했다. 심지어 기계식 타자기가 전자식 타자기로 전환되어 키가 엉키는 일이 발생하지 않게 되었는데도 QWERTY 자판은 계속해서 지배적 설계로 군림했다. 이에 대해 드보락은 비통하게 죽어가면서 다음과 같이 말했다고 한다. "나는 인류를 위한 가치 있는 무언가를 위해 노력하는 데 지쳤다. 그들은 어리석게도 변화를 원하지 않는다." 이러한 키보드의 사례는 고착효과lock-in effect 혹은 경로의존성path-dependence과 같은 개념으로 해석되고 있다.

46 에디슨의 많은 업적은 에디슨 혼자가 아니라 그가 직원들과 함께 이루어낸 성격을 띠고 있다. 에디슨은 풀어야 할 문제에 대한 전체적인 개념을 규정했고, 그의 직원들은 에디슨이 할당한 문제를 바탕으로 각종 실험과 계산을 담당했다. 이와 관련하여 멘로파크에 대한 회고록을 집필했던 프랜시스 제엘Francis Jehl은 "에디슨은 사실상 집합명사로서 많은 사람의 이름을 대표한다"고 평가한 바 있다.

47 이처럼 어떤 발명품의 가장 잘 알려진 용도가 항상 최초에 개발된 용도와 반드시 일치하지는 않는다. 최초의 증기기관은 탄광에서 물을 퍼 올리는 데 사용되었고, 전화의 용도는 사무용에서 사교용으로 확대되었으며, 무선전신의 초기 용도는 선박 사이에 메시지를 전달하는 데 있었다. 오늘날 우리가 널리 사용하고 있는 컴퓨터나 인터넷도 원래는 군사적 목적을 위해 개발된 것이었다. 이와 같은 현상은 '의도하지 않은 결과unintended consequences'로 표현되기도 하는데, 이러한 개념은 'Mr. Sociology'라는 별명을 가진 로버트 머튼Robert K. Merton에 의해 대중화

된 것으로 알려져 있다. 머튼은 '준거집단reference group', '역할 모델role model', '자기충족적 예언self-fulfilling prophecy' 등과 같은 개념으로도 유명하다.

48 역사상 최초로 지워지지 않는 사진을 촬영한 사람은 다게르가 아니라 조지프 니에프스Joseph Niépce였다. 니에프스는 1826년에 은으로 도금한 금속판에 아스팔트를 칠한 후 그 금속판을 카메라 옵스큐라의 벽면에 세워 지워지지 않는 사진을 찍는 데 성공했다. 니에프스는 이것을 '햇빛 그림'이란 뜻의 '헬리오그라피heliography'라고 명명했다. 그러나 니에프스의 사진에는 심각한 문제점이 있었다. 한 장의 아스팔트 사진을 찍는 데에는 짧게는 6시간, 길게는 8시간이 소요되었던 것이다. 이에 반해 다게르는 아스팔트 대신에 요오드화은을 새로운 감광물질로 선택하고, 사진의 현상에 수은 증기와 소금 용액을 사용하는 등 실질적인 사진술의 체계를 마련했다. 다게르와 니에프스는 1829년에 사진술의 개량을 위해 공동 작업을 추진했지만, 이들의 작업은 니에프스가 1833년에 세상을 떠나면서 막을 내리고 말았다.

49 이처럼 이스트먼은 사진을 찍는 사람에서 사진술을 개발하는 사람으로 변모했다. 그가 기술의 상업화에 밝았던 것도 소비자의 입장에서 기술에 접근했기 때문으로 풀이된다. 기술의 소비자가 기술의 생산자로 바뀌는 사례는 사진, 자전거, 요트 등과 같은 레저산업에서 자주 나타나는 경향을 보인다. 더 나아가 최근에는 정보기술의 대중화 덕분에 기술의 생산과 소비를 동시에 담당하는 사람이 많아지면서 생산자producer와 소비자consumer의 합성어인 '프로슈머prosumer'라는 말도 등장했다. 이 용어는 저명한 미래학자인 앨빈 토플러Alvin Toffler가 1980년에 출간한 『제3의 물결』에서 처음 사용했다.

50 세계 최초의 디지털카메라는 1975년에 코닥의 엔지니어인 스티브 새

슨Steve Sasson이 만들었다. 당시에 코닥은 디지털카메라가 필름 시장의 붕괴를 가져올 것으로 판단하고 디지털카메라의 확산에 부정적인 태도를 보였다. 디지털카메라에 대한 코닥의 억제전략이 계속되는 가운데 1998년 이후에는 소니, 캐논, 올림푸스, 니콘 등과 같은 일본의 기업들이 디지털카메라를 잇달아 출시했다. 그 후 디지털카메라는 디스플레이의 등장, PC의 보급, 웹서비스의 출현 등을 배경으로 일종의 전성시대를 맞이했다. 코닥은 뒤늦게 디지털카메라 시장에 진출했지만, 결국 수익성 악화로 2012년 1월에 파산보호를 신청하는 신세로 전락했다. 코닥은 상업용 영화 필름만 남겨두고 나머지 사업 부문을 모두 매각하는 과정을 거쳐 2013년 9월에 파산보호에서 벗어날 수 있었다. 코닥은 자사가 처음 발명한 디지털카메라 때문에 파산까지 몰리는 역설적인 상황을 맞이했던 것이다.

51 영화는 매우 복합적이어서 기술적 차원으로만 다루기 곤란하다. 이에 대하여 『영화의 이해』를 쓴 민경원은 영화를 다음과 같은 여섯 가지로 정의하고 있다. 첫째, 영화는 과학이다. 둘째, 영화는 스토리다. 셋째, 영화는 예술이다. 넷째, 영화는 산업이다. 다섯째, 영화는 힐링이다. 여섯째, 영화는 소통이다. 이탈리아의 영화평론가인 리치오토 카뉴도Ricciotto Canudo는 1911년에 영화를 제7의 예술로 규정했다. 연극, 회화, 무용, 건축, 문학, 음악과 함께 영화를 예술로 보았던 것이다. 제8의 예술로는 사진, 제9의 예술로는 만화가 꼽힌다.

52 영화 필름의 규격에도 숨은 사연이 있다. 한번은 딕슨이 에디슨에게 필름의 폭이 어느 정도여야 하는지 물었는데, 에디슨은 엄지손가락과 다른 손가락을 구부리며 "이 정도면 되겠지"라고 말했다고 한다. 그때부터 영화 필름이 35밀리미터의 폭으로 정해졌다는 것이다. 그러나 이에 대해서는 반론도 제기되고 있다. 에디슨이 필름의 폭을 스스로 고안한

것이 아니라 당시의 코닥 필름을 이용했을 가능성이 크다는 의견이다. 코닥 필름은 폭이 70밀리미터, 길이가 15미터였는데, 이를 반으로 나누면 자연스럽게 폭이 35밀리미터인 새로운 규격의 필름이 만들어지는 것이다.

53 에디슨이 할리우드의 탄생을 촉진했다는 점도 주목할 만하다. 그는 1908년에 활동사진특허회사Motion Pictures Patent Company, MPPC를 설립하고 '에디슨 트러스트'로 불린 조합을 결성한 후 경쟁 업체들이 자신의 조합에 가입하여 면허료를 지불할 것을 요구했다. 이에 부정적인 반응을 보였던 소규모 독립 영화사들은 에디슨의 영향력이 미치지 않는 캘리포니아 남부의 변두리 지역으로 모여들기 시작했다. 그곳이 바로 오늘날 '영화의 본산'으로 평가되고 있는 할리우드인데, 당시에 할리우드는 하비 윌콕스Harvey Wilcox 부부의 목장을 지칭하는 용어였다. 물론 소규모 영화사들이 이동한 데에는 할리우드의 자연환경도 중요한 요소로 작용했다. 캘리포니아 남부 지역은 날씨가 매우 쾌청해서 비싼 조명 시설 없이 1년 내내 영화를 찍기에 안성맞춤이었다.

54 저명한 여성 기술사학자인 루스 코완Ruth S. Cowan은 기존의 기술사 연구에서 여성과 기술이라는 주제가 제대로 탐구되지 않았다고 지적한다. 그녀는 1979년에 발간한 「버지니아 데어에서 버지니아 슬림으로 From Virginia Dare to Virginia Slims」라는 논문을 통해 기술에서 여성의 영역을 발견하고 개발하는 작업의 중요성을 강조하면서 다음과 같이 썼다. "표준적인 기술의 역사는 아기 우유병과 같이 중요한 문화적 인공물에 관심을 기울이지 않았다. 그러나 우유병은 수많은 유아와 어머니에게 인간의 근본적인 경험을 변경하는 간단한 수단이자, 서구 기술의 후진국 수출 여부와 관련하여 논란이 되고 있는 사례에 해당한다. 그러나 그것은 기술의 역사에서 아무런 위치도 차지하지 못했다."

55 손빨래를 하다가 세탁기를 사용하게 된 사람들은 세탁기로 인해 빨래가 간편해지고 세탁 노동이 줄어들었다는 반응을 보이는 경우가 많다. 추운 겨울날에 손으로 빨래를 한다고 생각해보면 세탁기에 대한 고마움은 더욱 커질 것이다. 그런데 이에 대해서도 보다 엄밀한 접근이 필요하다. 기존의 세탁 작업을 A라고 할 때 A에 한정한다면 세탁기의 도입으로 일이 간편해질 것이다. 그러나 세탁기의 도입 때문에 A를 더욱 자주하거나 B나 C와 같은 새로운 일거리가 생기게 되면 이야기가 달라진다. 이런 경우에는 세탁기의 사용으로 세탁 노동의 총량이 더욱 늘어날 수 있다. 이러한 점은 컴퓨터가 도입되면서 사무량이 더욱 증가한 것과 마찬가지다. 이처럼 어떤 기술이 특정한 맥락에서 출현했다 하더라도 그 기술이 또 다른 새로운 맥락을 창출하기 때문에 기술의 일생은 매우 복잡한 경로를 밟게 된다.

56 기술혁신에 관한 최근의 논의에서 주목받고 있는 개념 중의 하나는 크레이튼 크리스텐슨Clayton M. Christensen이 제기한 '파괴적 혁신disruptive innovation'이다. 파괴적 혁신은 단순히 기술혁신의 정도가 큰 급진적 혁신radical innovation만 의미하는 것이 아니다. 파괴적 혁신은 비주류 고객을 겨냥하면서 시작된다. 고객이 원하는 제품이나 서비스를 더 낮은 비용이나 더 편리한 접근 방식으로 제공하는 것이다. 흥미로운 점은 이런 식으로 새로운 시장을 공략한 혁신이 결국에는 기존 시장 자체를 파괴할 수 있다는 사실이다. 포드가 출시한 모델 T가 이러한 예에 속한다. 당시의 자동차 시장에서 주류 고객은 부유층이었지만, 포드는 모델 T를 통해 일반 대중을 공략했고 결국 자동차 시장 전체를 장악하는 성과를 거두었다.

57 포드는 조립라인을 도축장에서 구상한 것으로 전해진다. 그는 시카고를 여행하는 동안 도살한 소를 이동시키면서 아무것도 남지 않을 때까

지 부위별로 고기를 발라내는 도축장의 작업 광경을 목격했다. 거기서 포드는 생산물을 중심으로 기계 체계를 다시 구성해야겠다는 아이디어를 떠올렸다. 포드가 도축장의 '해체' 라인을 보면서 자신의 공장에 필요한 '조립'라인을 구상했다는 점도 흥미롭다. 도축장의 해체 라인은 1870년경에 신시내티에서 처음 설치된 것으로 알려져 있는데, 최근에 '4차 산업혁명' 혹은 '인더스트리 4.0'에 관한 논의는 도축장의 해체 라인을 '2차 산업혁명'의 출발점으로 간주하고 있다. 그러나 많은 기술사학자들은 1879년에 에디슨이 발명한 백열등을 2차 산업혁명의 핵심 기술로 꼽고 있다.

58 이 글의 제목은 1863년 게티즈버그국립묘지 설립 기념식에서 있었던 링컨의 연설문을 염두에 둔 것이다. 주지하듯이, 링컨은 다음과 같은 명언을 남겼다. "국민의, 국민에 의한, 국민을 위한 정부는 지구상에서 결코 사라지지 않을 것이다The government of the people, by the people, for the people, shall not perish from the earth." 브래지어의 경우에는 여성이 발명했고, 여성이 소유하므로 '여성에 의한'과 '여성의'라는 수식어가 가능하다. 하지만 브래지어가 꼭 여성을 위한 것인지는 분명하지 않기 때문에 '여성을 위한'이란 표현은 제외했다.

59 미국의 저명한 사회학자인 로버트 머튼Robert K. Merton은 과학적 발견에 단독 발견보다 동시 발견 혹은 복수 발견이 더욱 보편적이라고 주장했다. 그는 과학의 역사에서 나타난 264개의 동시 발견을 검토하면서 그중 179개는 2인, 51개는 3인, 17개는 4인, 8개는 6인, 6개는 5인, 2개는 9인, 1개는 7인에 의한 동시 발견으로 집계했다. 이러한 주장은 과학적 발견이 과학자 개인의 능력이나 행운에 의해서만 이루어지는 것이 아니라 당시의 과학적 상황과 사회적 조건에 의존한다는 점을 시사한다. 또한 머튼은 동일한 발견이 여러 차례 이루어지는 간극이 짧을수록 우

선권 논쟁이 드물고, 공동 발견자가 다른 나라 출신이면 우선권 논쟁의 가능성이 줄어들며, 우선권 논쟁의 빈도는 오랜 세월에 걸쳐 감소해 왔다고 분석했다. 이와 함께 머튼은 과학 발전에서 천재의 역할을 다루면서 "위대한 과학자들은 여러 개의 동시 발견에 개입되었다"라는 흥미로운 해석을 제안한 바 있다. 이와는 다른 각도에서 스티븐 스티글러 Stephen M. Stigler라는 통계학자는 어떤 과학적 발견도 최초 발견자의 이름을 따서 명명되지 않는다고 주장했는데, 이를 '스티글러의 법칙'이라고 한다.

60 브래지어의 확산에는 제1차 세계대전도 큰 몫을 담당했다. 제1차 세계대전으로 남성들은 전쟁터로 징집되었고, 여성들이 그 빈자리를 채우게 되었다. 여성들이 공장 노동을 담당하게 되면서 복식에도 많은 변화가 일어났다. 여성 복식사에서 최초로 라인이 사라진 박스형 옷이 전면에 등장했던 것이다. 여기에 맞추어 속옷도 변화를 겪게 되었다. 코르셋은 몰락의 길로 들어섰던 반면 브래지어에 대한 수요는 급속히 증가했다. 이러한 변화는 미국 정부의 정책으로 더욱 촉진되었다. 당시에 미국 정부는 전시 물자인 철사를 확보하기 위해 여성들에게 코르셋 착용을 지양할 것을 요구했다.

61 와트의 복사기는 몇 가지 한계를 드러냈다. 우선 복사의 매개체로 물을 활용했기 때문에 원본이 상할 우려가 있었다. 또한 적절한 복사를 위해서는 12시간 동안이나 종이를 적셔두어야 했다. 가장 심각한 문제점은 동일한 문서를 여러 장 복사하지 못했다는 점이다. 와트의 복사기는 사본 한 부만을 추가적으로 생산할 수 있었기 때문에 그 용도가 편지를 비롯한 개인적 문서의 사본을 만드는 데 국한되었다. 원본의 보존, 복사시간의 단축, 복사량의 증가 등과 같이 와트의 복사기가 제기한 문제는 이후의 기술자들이 두고두고 풀어야 할 숙제가 되었다.

62 당시에 많은 사람들은 건식 복사기에 대한 시장이 별로 형성되어 있지 않다고 판단했다. 카본지가 풍부하고 저렴하게 공급되고 있으므로 건식 복사기가 습식 복사기의 경쟁 상대가 될 수 없다는 것이었다. 또한 1대당 400달러에 달하는 비용을 들여 건식 복사기를 구입할 정도로 복사량이 많은 기업은 별로 없을 것이라는 견해도 제시되었다. 당시의 시장분석가들은 건식 복사기에 대한 수요를 1,000대 정도로 예상하면서도 "수요가 있는 모든 사무실에서 기계를 구입할 것이라고 기대하지는 말라"고 충고했다. 사실상 건식 복사기는 있으면 좋겠지만 없어도 크게 불편하지 않는 어중간한 기계였다.

63 그다음 광고에는 침팬지가 등장했다. 침팬지도 사용할 만큼 복사기 조작이 간편하다는 점을 보여줄 작정이었다. 광고는 성공적으로 준비되었지만 방송이 나가자 예상 밖의 문제가 발생했다. 복사기를 사용하는 비서들이 자신들을 모욕하는 광고라고 항의한 것이다. 그들은 "복사기 위에 바나나를 놓고 침팬지를 고용하는 것이 낫지, 사람을 고용할 필요가 있느냐"고 항의했다. 이 사건을 계기로 동물을 이용한 복사기 광고는 자취를 감추었다.

64 1999년에 제라시는 로알드 호프만Roald Hoffmann(1981년 노벨 화학상 수상자)과 함께 유명한 과학연극 「산소」를 만들기도 했다. 우리나라에서도 몇 차례 공연된 바 있는 「산소」는 노벨상 위원회에서 과거의 뛰어난 발견에 대해 '거꾸로 노벨상'을 주기로 하면서 그 후보를 찾아나서는 것에서 시작된다. 위원회는 산소를 발견한 사람에게 노벨상을 주기로 합의를 봤지만 그 이후가 문제였다. 산소(불의 공기)를 처음으로 분리해낸 스웨덴의 카를 빌헬름 셸레Carl Wilhelm Scheele, 산소(플로지스톤이 없는 공기)에 관한 논문을 처음으로 발표한 영국의 조지프 프리스틀리Joseph Priestley, 오늘날 우리가 알고 있는 산소의 정체를 밝혀낸 프랑

스의 앙투안 라부아지에가 후보로 올랐던 것이다. 「산소」는 세 명의 과학자 중 누구에게 산소 발견의 영예를 안겨주어야 하는지에 대해 묻고 있다. 그 질문은 발견이란 과연 무엇인가에 대한 철학적인 논쟁으로 이어진다. 이와 함께 「산소」는 자신이 속한 국가의 과학자가 상을 타기를 바라는 심사위원들 사이의 암투를 그리고 있으며, 세 과학자의 부인이나 여성 동료를 등장시켜 남성 중심의 과학에 대한 문제도 제기하고 있다.

65 저명한 여성 기술사학자인 루스 코완이 피임약의 영향에 대해 논의한 것도 주목할 만하다. "피임약의 최대 수혜자는 저개발 국가의 빈민층 여성들이 아니라 상대적으로 부유한 국가에 살고 교육 수준도 상당히 높은 중산층 여성들인 것으로 드러났다. 인구과잉의 문제는 피임약으로 해결되지 않았다. 설사 해당 국가가 피임에 매우 적극적인 경우라고 하더라도, 피임에 필요한 1일 복용분을 배급하고 문맹의 여성들에게 복용법을 교육하는 어려움을 극복하기란 거의 불가능에 가까웠다." 피임약의 영향이 모든 여성에게 동일한 것이 아니라 해당 여성 집단에 따라 차별적이었다는 것이다.

66 '골렘'은 저명한 과학기술사회학자인 해리 콜린스Harry Collins와 트레버 핀치Trevor Pinch가 쓴 3부작의 제목으로도 채택된 바 있다. 두 사람은 과학, 기술, 의학에 대한 사회구성주의적 시각을 담은 대중용 책자를 골렘 시리즈로 발간했다. 『골렘The Golem』(1993), 『확장된 골렘The Golem at Large』(1998), 『닥터 콜렘Dr. Golem』(2005)이 그것인데, 『골렘』과 『닥터 골렘』은 우리말로 번역되어 있다. 콜린스와 핀치는 골렘이 자신을 만든 인간을 위해 일을 하지만 경우에 따라 멋대로 행동하기도 한다는 점에 착안하여 책 제목에 '골렘'을 넣었다.

67 기존의 3대 원칙이 '인간'을 중시하고 있는 반면, 제0원칙은 '인류'에

주목하고 있다는 점도 흥미롭다. 만약 어떤 사람이 로봇에게 지구의 모든 식물을 죽이라는 명령을 내린다면 로봇은 이를 받아들여서는 안 된다. 식물을 죽이는 것이 인간을 직접 해치지는 않지만 인류를 멸망시키는 결과를 가져오기 때문이다. 널리 통용되고 있지는 않지만 로봇의 제4원칙도 거론된 바 있다. 저명한 미래학자인 제임스 캔턴James Canton은 2015년에 발간한『퓨처 스마트』에서 기존의 3대 원칙에 제4원칙을 추가했다. "로봇은 위의 세 가지 원칙을 위반하거나 어떤 식으로든 인간에게 해를 가할 로봇을 만들지 않아야 한다." 제4원칙은 인간이 로봇을 만드는 것을 넘어 로봇이 로봇을 만들 수 있다는 것을 상정하고 있다.

68　이에 앞서 미국의 저명한 역사학자인 브루스 매즐리시Bruce Mazlish는 『네번째 불연속』에서 인간 중심적 망상이 역사상 네 번에 걸친 도전을 받아왔다고 분석한 바 있다. 첫째는 인간이 사는 지구를 우주의 중심에서 밀어낸 코페르니쿠스의 태양중심설이고, 둘째는 인간이 신의 창조물이 아니라 진화의 산물에 불과하다는 다윈의 진화론이며, 셋째는 인간이 그다지 합리적인 존재가 아니라는 사실을 일깨워준 프로이트의 무의식 이론이다. 마지막 네 번째 불연속은 인간이 기계에 대하여 인위적으로 그어놓은 분리선이 사라지고 있다는 점을 가리킨다. 여기서 앞의 세 가지는 프로이트가 언급한 것임에 반해 네 번째 불연속은 매즐리시가 추가한 것이다.

참고 문헌

┃ 국내 문헌 ┃

강신익 외, 『의학 오디세이』 (역사비평사, 2007).

과학세대 편, 『컴퓨터를 만든 천재들』 (벽호, 1993).

김도연, 『우리 시대 기술혁명』 (생각의나무, 2004).

김명진, 『야누스의 과학: 20세기 과학기술의 사회사』 (사계절, 2008).

김문상, 『로봇 이야기』 (살림, 2005).

김영식, 『과학혁명: 전통적 관점과 새로운 관점』 (아르케, 2001).

김종현, 『영국 산업혁명의 재조명』 (서울대학교출판부, 2006).

김종현, 『경영사: 근대기업발전의 국제비교』 (서울대학교출판문화원, 2015).

김지룡, 갈릴레오 SNC, 『사물의 민낯: 잡동사니로 보는 유쾌한 사물들의 인
　　류학』 (애플북스, 2012).

김토일, 『소리의 문화사: 축음기에서 MP3까지』 (살림, 2005).

도현신, 『전쟁이 발명한 과학기술의 역사』 (시대의창, 2011).

민경원, 『영화의 이해』 (커뮤니케이션북스, 2014).

민병만, 『한국의 화약 역사: 염초에서 다이너마이트까지』 (아이워크북, 2009).

박미경 편저, 『천년의 역사를 뒤흔든 대사건 100』 (고려문화사, 1998).

박성래, 『한국사에도 과학이 있는가』 (교보문고, 1998).

박용진, 『철강의 역사와 인간』 (한국철강신문, 2002).

송성수, 『사람의 역사, 기술의 역사』 제2판 (부산대학교출판부, 2015).

송성수, 『한 권으로 보는 인물과학사: 코페르니쿠스에서 왓슨까지』 제2판 (북
    스힐, 2015).

송성수 엮음, 『우리에게 기술이란 무엇인가: 기술론 입문』 (녹두, 1995).

송성수 엮음, 『과학기술은 사회적으로 어떻게 구성되는가』 (새물결, 1999).

송성수, 최경희, 『과학기술로 세상 바로 읽기』 제2판 (북스힐, 2017).

신부용, 유경수, 『도로 위의 과학』 (지성사, 2014).

오진곤, 『화학의 역사』 (전파과학사, 1993).

윤정로, 『사회 속의 과학기술』 (세창출판사, 2016).

이내주, 『서양 무기의 역사』 (살림, 2006).

이상욱 외, 『욕망하는 테크놀로지』 (동아시아, 2009).

이은희, 『하리하라의 청소년을 위한 의학 이야기』 (살림Friends, 2014).

이인식 외, 『세계를 바꾼 20가지 공학기술』 (글램북스, 2015).

이장규, 홍성욱, 『공학기술과 사회』 (지호, 2006).

이정임, 『인류사를 바꾼 100대 과학사건』 제2판 (학민사, 2011).

이종호, 『과학자들의 돈 버는 아이디어』 (사과나무, 2012).

이필렬, 이중원, 『인간과 과학』 (한국방송통신대학교출판부, 2001).

이호준, 『유레카! 발명의 인간』 (김영사, 1996).

임경순, 정원, 『과학사의 이해』 (다산출판사, 2014).

전호환, 『배 이야기』 (부산과학기술협의회, 2008).

정수일, 『실크로드 사전』 (창비, 2013).

정인경, 『뉴턴의 무정한 세계: 우리의 시각으로 재구성한 과학사』(돌베개, 2014).

한양대학교 과학철학교육위원회 편, 『과학기술의 철학적 이해』제6판 (한양대학교출판부, 2017).

홍성욱, 『생산력과 문화로서의 과학기술』(문학과지성사, 1999).

홍성욱, 『과학은 얼마나』(서울대학교출판부, 2004).

홍성욱, 『홍박사의 과일상자: 과학 일단 상상하자』(나무나무, 2017).

황상익, 『인물로 보는 의학의 역사』(어문각, 2004).

황진명, 김유항, 『과학과 인문학의 탱고』(사과나무, 2014).

| 번역 문헌 |

가필드, 사이먼(공경희 옮김), 『모브』(웅진닷컴, 2001).

고지, 미타니(전경아 옮김), 『세상을 바꾼 비즈니스 모델 70』(더난출판사, 2015).

그로스, 다니엘 외(장박원 옮김), 『미국을 만든 비즈니스 영웅』(세종서적, 1997).

노왁, 피터(이은진 옮김), 『섹스, 폭탄 그리고 햄버거: 전쟁과 포르노, 패스트푸드가 빚어낸 현대 과학기술의 역사』(문학동네, 2012).

니콜리, 리카르도(유자화 옮김), 『비행기의 역사: 레오나르도 다빈치의 비행기계에서 우주 정복까지』(예담, 2007).

다나시, 이시이(이해영 옮김), 『세계를 바꾼 발명과 특허』(기파랑, 2015).

달루이시오, 페이스(신상규 옮김), 『새로운 종의 진화, 로보사피엔스』(김영사, 2002).

더핀, 재컬린(신좌섭 옮김), 『의학의 역사』(사이언스북스, 2006).

데이비스, 마틴 (박정일 외 옮김), 『수학자, 컴퓨터를 만들다』(지식의풍경, 2005).

로젠, 윌리엄(엄자현 옮김), 『역사를 만든 위대한 아이디어』 (21세기북스, 2011).

루이스, 엘머(김은영 옮김), 『테크놀로지의 걸작들』 (생각의나무, 2006).

리발, 미셸(강주헌 옮김), 『역사상 가장 위대한 발명 150』 (예담, 2013).

마르크스, 카를(김수행 옮김), 『자본론 I』 총3권 (비봉출판사, 1989).

마사카츠, 미야자키(오근영 옮김), 『하룻밤에 읽는 물건사』 (랜덤하우스중앙, 2003).

망뚜, 뽈(정윤형, 김종철 옮김), 『산업혁명사』 (창작과비평사, 1987).

매시니스, 피터(이수연 옮김), 『100 디스커버리』 (생각의 날개, 2011).

매즐리시, 브루스(김희봉 옮김), 『네 번째 불연속』 (사이언스북스, 2001).

매클렐란, 제임스, 해러드 도른(전대호 옮김), 『과학과 기술로 본 세계사 강의』 (모티브북, 2006).

맥그레인, 섀런(이충호 옮김), 『화학의 프로메테우스』 (가람기획, 2002).

맥닐, 윌리엄(김우영 옮김), 『세계의 역사』 총2권 (이산, 2007).

머튼, 로버트(석현호, 양종회, 정창수 옮김), 『과학사회학』 총2권 (민음사, 1998).

멈퍼드, 루이스(유명기 옮김), 『기계의 신화 1: 기술과 인류의 발달』 (아카넷, 2013).

뫼저, 쿠르트(김태희, 추금환 옮김), 『자동차의 역사: 시간과 공간을 바꿔놓은 120년의 이동혁명』 (뿌리와이파리, 2007).

미사, 토머스(소하영 옮김), 『다빈치에서 인터넷까지』 (글램북스, 2015).

바로니, 프란체스코(문희경 옮김), 『자전거의 역사: 두 바퀴에 실린 신화와 열정』 (예담, 2008).

바살라, 조지(김동광 옮김), 『기술의 진화』 (까치, 1996).

바스베인스, 니콜라스(정지현 옮김), 『종이의 역사』 (21세기북스, 2014).

반 룬, 헨드릭 빌럼(이덕열 옮김), 『배 이야기』 (아이필드, 2016).

발명연구단(이미영 옮김), 『위대한 발명, 탄생의 비밀』 (케이앤피북스, 2009).

버크, 제임스(구자현 옮김), 『커넥션』(살림, 2009).

벌리너, 돈(장석봉 옮김), 『비행: 목숨을 건 도전』(지호, 2002).

벌링게임, 로저(홍영백 옮김), 『미국문명과 기계』(전파과학사, 1975).

베니거, 제임스(윤원화 옮김), 『컨트롤 레벌루션』(현실문화, 2009).

베어, 에슬리, 그레그 파섹(장석영 옮김), 『브래지어에서 원자폭탄까지: 잊혀진 여성들의 잊을 수 없는 아이디어』(현실과미래사, 2002).

베이어, 릭(오공훈 옮김), 『과학편집광의 비밀 서재』(알에이치코리아, 2012).

보더니스, 데이비드(김영남 옮김), 『일렉트릭 유니버스』(생각의나무, 2005).

로버츠, 로이스톤(안병태 옮김), 『우연과 행운의 과학적 발견 이야기』(국제, 1994).

볼, 필립(정옥희 옮김), 『실험에 미친 화학자들의 무한도전』(살림Friends, 2012).

볼크만, 어니스트(석기용 옮김), 『전쟁과 과학, 그 야합의 역사』(이마고, 2003).

브라운, 조지(이충호 옮김), 『발명의 역사』(세종서적, 2000).

브라운, 한스 요아힘(김현정 옮김), 『세계를 바꾼 가장 위대한 101가지 발명품』(플래닛미디어, 2006).

브라이슨, 빌(정경옥 옮김), 『빌 브라이슨 발칙한 영어산책: 엉뚱하고 발랄한 미국의 거의 모든 역사』(살림, 2009).

브로델, 페르낭(주경철 옮김), 『물질문명과 자본주의』 총6권 (까치, 1995~1997).

브록만, 존(이창희 옮김), 『지난 2천년 동안의 위대한 발명』(해냄, 2000).

브린욜프슨, 에릭, 앤드루 맥아피(이한음 옮김), 『제2의 기계 시대』(청림출판, 2014).

샤를, 마리 노엘(김성희 옮김), 『세상을 바꾼 작은 우연들』(윌컴퍼니, 2014).

세이이치로, 요네쿠라(양기호 옮김), 『경영 혁명: 제임스 와트에서 빌 게이츠까지』(소화, 2002).

셔킨, 조엘(과학세대 옮김), 『컴퓨터를 만든 영웅들』(풀빛, 1992).

셧클리프, 아서 외(조경철 옮김), 『청소년을 위한 케임브리지 과학사』 총4권(서해문집, 2005~2006).

순야, 요시미(송태욱 옮김), 『소리의 자본주의: 전화, 라디오, 축음기의 사회사』(이매진, 2005).

쉬벨부시, 볼프강(박진희 옮김), 『철도 여행의 역사』(궁리, 1999).

쉴링, 멜리사(김길선 옮김), 『기술경영과 혁신전략』 제5판(교보문고, 2017).

슈, 베른트(이온화 옮김), 『클라시커 50: 발명』(해냄, 2004).

슈나이더, 마르틴(조원규 옮김), 『테플론, 포스트잇, 비아그라』(작가정신, 2004).

슈미츠, 알프리트(송소민 옮김), 『인류사를 가로지른 스마트한 발명들 50』(서해문집, 2014).

슈트라이스구트, 토머스(이민아 옮김), 『통신: 더 멀리 더 가까이』(지호, 2002).

스마일즈, 새무얼(정경옥 옮김), 『의지의 힘: 조지 스티븐슨의 삶』(21세기북스, 2007).

스미스, 제프리 노웰(이순호 옮김), 『옥스퍼드 세계 영화사』(열린책들, 2005).

스탠디지, 톰(조용철 옮김), 『19세기 인터넷, 텔레그래프 이야기』(한울, 2001).

아데어, 진(장석봉 옮김), 『위대한 발명과 에디슨』(바다출판사, 2002).

아이켄슨, 벤(전광수 옮김), 『패턴츠: 독창적인 발명품의 탄생 과정』(미래사, 2005).

애들러, 로버트(조윤정 옮김), 『의학사의 터닝 포인트 24』(아침이슬, 2007).

액커먼, 칼(김성민 옮김), 『조지 이스트먼: 코닥과 사진산업의 창립자』(눈빛, 2011).

어터백, 제임스(김인수 외 옮김), 『기술변화와 혁신전략』(경문사, 1997).

에이더스, 마이클(김동광 옮김), 『기계, 인간의 척도가 되다』(산처럼, 2011).

에저턴, 데이비드(정동욱, 박민아 옮김), 『낡고 오래된 것들의 세계사: 석탄, 자전거, 콘돔으로 보는 20세기 기술사』(휴먼사이언스, 2015).

엔, 빌(김희봉 옮김), 『세계 역사를 바꾼 100대 발명』(사민사, 1994).

오르세나, 에릭(강현주 옮김), 『종이가 만든 길』(작은씨앗, 2014).

와이즈먼, 쥬디(조주현 옮김), 『페미니즘과 기술』(당대, 2001).

워쇼프스키, 프레드(특허청 특허분쟁연구회 옮김), 『특허전쟁』(세종서적, 1996).

지무쇼, 조(고진원 옮김), 『30가지 발명품으로 읽는 세계사』(시그마북스, 2017).

찬클, 하인리히(전동열, 이미선 옮김), 『과학사의 유쾌한 반란』(아침이슬, 2006).

찬클, 하인리히(박규호 옮김), 『노벨상 스캔들: 세계 최고의 영광 노벨상의 50가지 진실과 거짓』(랜덤하우스코리아, 2007).

첼로너, 잭(이사빈 외 옮김), 『죽기 전에 꼭 알아야 할 세상을 바꾼 발명품 1001』(마로니에북스, 2010).

치엔웨이창(오일환 옮김), 『중국 역사 속의 과학발명』(전파과학사, 1998).

치폴라, 카를로(최파일 옮김), 『대포, 범선, 제국』(미지북스, 2010).

카슨, 라이오넬(김훈 옮김), 『고대의 배와 항해 이야기』(가람기획, 2001).

칼슨, 버나드(남경태 옮김), 『말랑하고 쫀득한 세계사 이야기』총3권 (푸른숲, 2009).

캔턴, 제임스(박수성 외 옮김), 『퓨처 스마트』(비즈니스북스, 2016).

코완, 루스(김성희 외 옮김), 『과학기술과 가사노동』(학지사, 1997).

코완, 루스(김명진 옮김), 『미국 기술의 사회사』(궁리, 2012).

콜리어, 브루스(이상헌 옮김), 『컴퓨터의 아버지, 배비지』(바다출판사, 2006).

크로웰, 토머스(이경아 옮김), 『워 사이언티스트』(플래닛미디어, 2011).

크리스텐슨, 클레이튼(이진원 옮김), 『혁신기업의 딜레마』(세종서적, 2009).

클렘, 프리드리히(이필렬 옮김), 『기술의 역사』(미래사, 1992).

타임-라이프 편집부, 『컴퓨터의 세계: 로봇공학』(한국일보 타임-라이프, 1990).

테들로우, 리차드(안진환 옮김), 『사업의 법칙 1』(청년정신, 2003).

툴레, 앙마뉘엘(김희균 옮김), 『영화의 탄생』(시공사, 1996).

파커, 배리(김은영 옮김), 『전쟁의 물리학』(북로드, 2015).

파커, 스티븐(이충호 옮김), 『세계를 변화시킨 12명의 과학자』(두산동아, 2002).

팽, 어빙(심길중 옮김), 『매스커뮤니케이션의 역사: 6단계 정보혁명』(한울
    아카데미, 2011).

페링거, 안드레아 외(전재민 옮김), 『게임 오버: 자신의 아이디어로 다른 사
    람을 부자로 만든 '페히포켈'들』(참솔, 2000).

페트로스키, 헨리(최용준 옮김), 『이 세상을 다시 만들자』(지호, 1998).

페트로스키, 헨리(백이호 옮김), 『포크는 왜 네 갈퀴를 달게 되었나』(김영
    사, 2014).

펜, 로버트(박영준 옮김), 『자전거의 즐거움』(책읽는수요일, 2015).

펜스터, 줄리(이경식 옮김), 『의학사의 이단자들』(휴먼앤북스, 2004).

포드, 헨리(공병호, 송은주 옮김), 『고객을 발명한 사람, 헨리 포드』(21세기
    북스, 2006).

포스트먼, 닐(김균 옮김), 『테크노폴리』(민음사, 2001).

폭스, 에두아르두(전은경 옮김), 『캐리커쳐로 본 여성 풍속사』(미래M&B, 2007).

푸러, 다니엘(선우미정 옮김), 『화장실의 작은 역사』(들녘, 2005).

플래토우, 이라(김철구 옮김), 『인간의 삶을 뒤바꾼 위대한 발명들』(여강출
    판사, 2002).

허드슨, 존(고문주 옮김), 『화학의 역사』(북스힐, 2004).

헐리히, 데이비드(김인혜 옮김), 『세상에서 가장 우아한 두 바퀴 탈것』(알

마, 2008).

혜드릭, 대니얼(김우민 옮김), 『과학기술과 제국주의: 증기선, 키니네, 기관총』 (모티브북, 2013).

혜드릭, 다니엘(김영태 옮김), 『테크놀로지: 문명을 읽는 새로운 코드』 (다른 세상, 2016).

혜슬러, 마르티나(이덕임 옮김), 『기술의 문화사』 (생각의나무, 2013).

화이트, 린(강일휴 옮김), 『중세의 기술과 사회변화』 (지식의풍경, 2005).

휴즈, 토머스(김명진 옮김), 『현대 미국의 기원: 발명과 기술적 열정의 한 세기, 1870~1970』 총2권 (나남, 2017).

히로타카, 야마다(김자영 옮김), 『천재과학자들의 유쾌한 발상』 (함께, 2006).

히틀리, 마이클, 콜린 솔터(곽영직 옮김), 『누구나 알아야 할 모든 것, 발명품』 (Gbrain, 2014).

외국 문헌

Ashton, Thomas S., *Iron and Steel in the Industrial Revolution*, 2nd ed. (Manchester: Manchester University Press, 1951).

Bijker, Wiebe E., Thomas P. Hughes, and Trevor J. Pinch (eds.), *The Social Construction of Technological Systems: New Directions in the Sociology and History of Technology* (Cambridge, MA: MIT Press, 1987).

Bunch, Bryan and Alexander Hellemans, *The Timetables of Technology* (New York: Simon & Schuster, 1993).

Chandler, Alfred D., Jr., *The Visible Hand: The Managerial Revolution in American Business* (Cambridge, MA: Harvard University Press, 1977).

Cowan, Ruth S., "From Virginia Dare to Virginia Slims: Women and

Technology in American Life", *Technology and Culture*, Vol. 20, No. 1 (1979), pp. 51–63.

Day, Lance and Ian McNeil (eds.), B*iographical Dictionary of the History of Technology* (London: Routledge, 1996).

Fogel, Robert W., *Railroads and American Economic Growth: Essays in Econometric History* (Baltimore: Johns Hopkins Press, 1964).

Gilfillan, S. Colum, *The Sociology of Invention* (Chicago: Follett Publishing Co., 1935).

Gilfillan, S. Colum, *Inventing the Ship* (Chicago: Follett Publishing Co., 1935).

Gillispie, Charles C. (ed.), *Dictionary of Scientific Biography*, 18 vols. (New York: Charles Scribner's Sons, 1970~1990).

Gimpel, Jean, *The Medieval Machine: The Industrial Revolution of the Middle Ages* (New York: Holt, Rinehart and Winston, 1976).

Hounshell, David A., *From the American System to Mass Production, 1800~1932: The Development of Manufacturing Technology in the United States* (Baltimore: Johns Hopkins University Press, 1984).

Hughes, Thomas P., *Networks of Power: Electrification in Western Society, 1880~1930* (Baltimore: Johns Hopkins University Press, 1983).

Joy, Bill, "Why the Future Doesn't Need Us", *Wired*, Vol. 8, No. 4 (2000), pp. 238–262.

Kranzberg, Melvin, "Technology and History: Kranzberg's Law", *Technology and Culture*, Vol. 27, No. 3 (1986), pp. 544–560.

Kranzberg, Melvin and Carroll W. Pursell (eds.), *Technology in Western Civilization*, 2 vols. (New York: Oxford University Press, 1967).

McNeil, Ian (ed.), *An Encyclopaedia of the History of Technology* (London:

Routledge, 1990).

Singer, Charles, E. J. Holmyard, A. R. Hall, and Trevor I. Williams (eds.), *History of Technology*, Vol. 1–5 (Oxford: Clarendon Press, 1954~1958).

Usher, Abbott P., *A History of Mechanical Inventions*, 2nd ed. (Cambridge, MA: Harvard University Press, 1954).

Williams, Trevor I. (ed.), *History of Technology*, Vol. 6–7 (Oxford: Clarendon Press, 1978).

http://en.wikipedia.org/wiki/ (Wikipedia, The Free Encyclopedia)

발명과 혁신으로 읽는 하루 10분 세계사
종이에서 로봇까지

1판 1쇄 펴냄 ᅵ 2018년 1월 2일
1판 2쇄 펴냄 ᅵ 2019년 8월 30일

지은이 ᅵ 송성수
발행인 ᅵ 김병준
디자인 ᅵ 김은영·이순연
발행처 ᅵ 생각의힘

등록 ᅵ 2011. 10. 27. 제406-2011-000127호
주소 ᅵ 경기도 파주시 회동길 37-42 파주출판도시
전화 ᅵ 031-955-1318(편집), 031-955-1321(영업)
팩스 ᅵ 031-955-1322
전자우편 ᅵ tpbook1@tpbook.co.kr
홈페이지 ᅵ www.tpbook.co.kr

ISBN 979-11-85585-46-8 03400

이 도서의 국립중앙도서관 출판시도서목록(CIP)은
서지정보유통지원시스템 홈페이지(http://seoji.nl.go.kr)와
국가자료공동목록시스템(http://www.nl.go.kr/kolisnet)에서
이용하실 수 있습니다.(CIP제어번호: CIP 2017033417)